翔《と》べ巨鳥

日本橋百年

井上安正

栄光出版社

翔《と》べ巨鳥　日本橋百年

目次

翔《と》べ巨鳥

日本橋百年

第一部　熱きライバル

人生に秘話があるように、建造物にも秘めたる歴史がある。

たとえば、東京タワー。組み上げられた鉄骨が、朝鮮動乱の三十八度線をはさんだ戦場で、砂塵を撒き上げて疾駆した米軍戦車の生まれ変わりであるように。

東京・日本橋にも、明治の洋風近代建築の黎明期《れいめい》に、建築界を担った建築家二人の宿業とも言える、秘めたる歴史がある。日本橋の意匠設計にあたった妻木頼黄《つまきよりなか》、日本銀行を設計した辰野金吾《たつのきんご》の熱きライバル争いだ。

日本橋が完成したのは一九一一（明治四四）年三月二八日。六日後の四月三日に開橋式が挙行された。

その前日、二日付けの読売新聞に工学士・田辺淳吉の寄稿が掲載された。タイトルは「記念建造物としての日本橋」とある。

吉田は「新しい日本橋の此の新しい試みは国民の美的常識を高め、帝都に美観を添えるといふ点に於いて与って大いに力ある」と讃えたが、それは、常套的な祝意を表したに過ぎない。筆を返して、「根本に於いて大きな間違いが二つある」と構えている。

その一点として、「橋のペーブメント（舗道）を境として上下が丸で一致を欠いて居る」とした。二点目に「将来の日本橋の周囲の変化に対する考えが足りなかった事からくる失敗であろう」と、照明柱の青銅の黒と御影石の白が不調和で、将来起きる周囲の建物の高層化で、貧弱に見えるようになると切って捨てた。

読売新聞は開橋式当日の四月三日付けで、匿名の工学士へのインタビュー記事を掲載した。見出しは「建築家の見た日本橋」とある。

工学士は「第一雄大宏壮の気魄が微塵も無いじゃありませんか」と口を開いた。照明柱について、「織巧」に過ぎ、麒麟も「奇醜」という趣があると手厳しい。さらに「電灯柱の腕の曲線はいきこんでいる様で、或る若い建築家が野糞をたれていると云ったのも適当な悪口かと思ひます」「私も建築家の一人として遺憾に堪えません」と、罵りにも近い。

匿名工学士はインタビューの最後を、こう締めくくった。「(今後は) 懸賞競技で広く優秀な図案を募集してもらいたい」。

　また、四月一二日から一四日にかけて、早稲田大学建築科の主任教授・佐藤功一が、時事新報に論文を寄せた。

「あの橋をこうしたらと思うことは幾らもあるが、まず第一、下を通る船からでなくては見えない橋の裏側の方、つまり人々が歩く表面と反対の側、すなわち水に向いて居る方にまで花崗岩の立派な切石を惜気もなく使ってあることなどは、たしかに無駄な費用であって、少し口が悪いようであるが、下世話に云う『溝《どぶ》の中に金を投げた』ような嫌いがないでもない。ああいうところなどは、鉄筋コンクリートなどでやった方が比較的工事も容易で堅固でもあり、それに費用が大分違うことと思う。それから浮いてくる金を以て比較的寂しい橋の両袖を飾るようにした方が、遙かに得策であったように思われる」

　日本橋の渡り初めは、東京市長・尾崎行雄の先導で、華やかに行われた。〝東京っ子〟は、新名所の誕生に狂喜した。

　それを伝える新聞には、日本橋の開橋を讃える見出しが躍った。しかし、橋の意匠設計者として、総合プロデューサーの役割を果たした妻木に、専門家から向けられた目は、極めて冷ややかだったのだ。

妻木と辰野のライバル争いの底流には、旗本と地方藩士という育った家柄の違いがあった。そして、建築界のドイツ派とイギリス派、官界と学会……。それらが、幾重にも投影された争いだった。

日本橋の開橋のころは、国会議事堂建設にコンペ方式を導入すべきか否かの論争のまっただ中にあった。読売新聞に寄せられた寄稿や主張は、辰野グループから、コンペを認めない妻木への〝総攻撃〟と言ってもよかった。

日本橋は今年、架橋一〇〇年を迎えた。優美にして堅固、重厚なこの石造アーチ橋は、関東大震災、東京大空襲の災禍をくぐり抜けた。東京オリンピック成功のために、その空を高速道路へ明け渡して久しい。日本橋が秘める、この宿業に迫ってみたい。

一八五三（嘉永六）年、アメリカのペリー提督が開国を求めて浦賀に来航した。その六年後のことである。一八五九（安政六）年一月二一日、江戸赤坂仲町の旗本・妻木源三郎頼攻に長男が生まれた。

妻木家の興りは、美濃（岐阜県）の土岐郡妻木郷にある。源頼光を祖とし、戦国時代には、三日天下の将・明智光秀の夫人を出している。

関が原の戦いでは徳川方につき、一族は旗本に取り立てられた。同族には東大寺大仏殿の再興にあたった奈良奉行・妻木頼保、鳥羽伏見の戦いに敗れ、大阪城を官軍に明け渡した大目付・妻木頼矩がいる。

世は大老・井伊直弼の「安政の大獄」に揺れていた。頼攻の長男は、幼名を「久之丞」と名付けられた。頼攻は、若くして目付から長崎奉行代理に駆け上った。しかし、長崎に赴任していた時、蔓延していたコレラにかかってしまった。それがもとで、夭折する。頼攻は二十九歳、久之丞は三歳の幼子だった。

妻木頼黄

母と姉と三人が残された。尊皇攘夷派の討幕気運が高まり、江戸幕府は大政奉還へと坂をころげ落ちてゆく。幼少の久之丞は主家の崩壊の中で育ち、頼黄を名乗る。

妻木が自ら残した「経歴手

稿」に、当時の妻木家についてこうある。

「幕府政権返上の折柄に、傾くを以て世上民心恟々せしめれば、実母の辛苦すること尋常ならず。兎に角家名を存する事になし、更に朝臣を奉願せしめれば玄米三十五石を賜ひし」

父・頼功の扶持は千石あった。九歳で家督を継いだ頼黄にとって、禄が激減するのがわかっていながら、「朝臣」の身分を選ぶ道しかなかった。頼黄には微禄に耐えながら家名を守って行くことが、運命づけられた。


妻木が生まれる五年前、一八五四（嘉永七）年八月二二日、後に辰野金吾となる姫松金吾が九州の肥前（佐賀県）・唐津藩で生を受けていた。父・姫松倉右衛門義親は、禄高十六石の下級藩士だった。

金吾が産声を上げる二カ月ほど前、義親は実弟・辰野宗安の訪問を受けた。子に恵まれなかった宗安は家督の行く末を案じていた。

義親は「次に姫松家に生まれる子が男だったら、養子にほしい」と懇請され、それを約していた。生まれたのは男児で、義親は弟との約束を履行した。

一八六七（慶応三）年一一月九日、旧暦で言うと一〇月一四日、大政奉還によって江戸幕府が幕を閉じる。この年、元服を迎えた金吾は、養嗣子として辰野家に入った。「養子というものは辛きもの。あらゆる艱難辛苦をなめ修行すべし」。母からの別れの言葉を受け、辰野金吾になった。

　唐津藩は一八七〇（明治三）年、英語学校「耐恒寮《たいこうりょう》」を新設した。家老・友常典膳らが、洋風化の流れを受け止め、新しい時代を担う人材育成には、英語の習得が欠かせないことを予見してのことに違いない。

辰野金吾

　幕末の藩主・小笠原長行は陸奥（福島県）・棚倉藩主から唐津に入った。唐津藩士は戊辰戦争では幕府軍として、函館まで転戦している。唐津藩は代々、移封された藩主による支配が重なったせいで、機を見るに敏な気風があったのかもしれない。

　友常は、一八六九（明治二）年に、東京に開校した「大学南校」に、教師派遣を要請し、入学者には「兵役免除」の特典を与えた。「大学南校」は、後の東京大学。本郷湯島にあった本校の南にあたる、神田一ッ橋に設けられたのが、校名の由来だ。

「耐恒寮」にかける藩の熱意に応えようと、辰野はここに入る。同期は五十人いた。その一人の曾禰《そね》達蔵《たつぞう》は、後に、慶応大学図書館（重要文化財）の設計者として名を残す。

大学南校から送り込まれた教師は、「東太郎」と名乗った。一八五四（嘉永七）年、幕府のお抱え絵師・川村庄右衛門の子に生まれ、仙台藩士・高橋是忠の養子になった。長じて、第二十代の内閣総理大臣に登り詰め、二・二六事件で青年将校の凶弾で命を落とす。若き日の「達磨さん」こと、高橋是清にほかならない。

高橋は一八六八（慶応三）年、仙台藩の留学生として渡米した。十四歳だった。ほどなく学資が途絶え、奴隷に売られる窮地を脱して、翌年、命からがら帰国する。そして、明治政府の初代文部大臣を務め、明治の六大教育家に名を連ねる、森有礼《もりありのり》の書生になった。

高橋はこの書生時代に、「教官三等手伝い」として、大学南校の教壇に立つ。語学の才を買った森の後押しがあった。唐津行きの話が持ち込まれたのは、この頃だった。

高橋には月給百円が魅力だった。花街で豪快に遊んだ高橋は、多額の借金を抱えていた。十八歳の高橋にとっては、渡りに船だった。

高橋は教壇に向かう前、冷や酒を一杯、喉に流し込むのを常とした。しかし授業では、生徒に日本語の使用を一切認めなかった。「英語を学ぶのではない、その向こうにあるものを学べ」と厳しく説いた。

唐津藩にも、維新をめぐる新旧のせめぎ合いがあった。校舎が守旧派の焼き討ちに遭ったこともある。高橋はそんな事を気にもせず、進取の気風を辰野らに植え付け、女子にも開放した。その一期生は、友常の娘、曾禰の妹ら三人だった。

一八七一（明治四）年八月、廃藩置県の詔勅が出され、唐津藩は伊万里県になる。その次の年、教授陣の充実と外国書籍の調達のために、高橋が東京に戻って唐津を空けた間に騒動が持ち上がった。

唐津藩の時代から運営されていた製紙事業の経理に不正があるとして、伊万里県当局が友常の身柄を拘束し、「耐恒寮」を閉鎖した。洋学校に関係した唐津藩士の多くが、閉門となり、友常は獄中で、抗議の自殺を図る。

東京でこれを知った高橋は、内務省に「寛大な処置」を求めたうえで、唐津へ取って返す。途中、伊万里県当局と談判し、「耐恒寮」を一週間で再開させ、一命を取り止めた友常も釈放された。

その年の秋、高橋は唐津を去る。騒動との関係はない。英語力と人柄を見込まれ、郵便事業を創始した前島密《まえじまひそか》から通訳として招かれたからだ。

東京に発った高橋を、私淑していた曾禰、西脇乾三郎、山中小太郎が追った。辰野もこれにならうつもりだったが、養父・宗安の説得に手間取った。辰野が唐津を出たのは、その年の暮れだった。

同期生の吉原政道、麻生政包が一緒だった。辰野らは、十二日間をかけて、東京に着いた。横浜からは開通間もない鉄道に乗り、新橋に降り立った。

旧唐津藩士・山口文次郎が、麹町の尾張藩邸に間借りする形で、私塾「耐恒学舎」を開いていた。辰野は父からの紹介状を携えて麹町へ向かい、その門をたたき、守衛兼掃除夫として住み込んだ。そして、学舎の英国人教師夫婦の身の回りの世話も引き受け、英語力を磨いていった。

一八七一（明治四）年、殖産振興のため、政府の工部省が発足、欧米工業技術を導入するのに必要な人材養成機関として、工学寮が置かれた。その翌々年、それにつながる工学教育機関・工部大学が設けられ、一八七三（明治六）年から生徒を募集することになった。

工部大学は予科・専門科・実科各二年の六年制。学科は土木、機械、造家、電信、化学、冶金、鉱山、造船、測量など。建築は「造家」と呼ばれていた。これらの学科を総称して、「工学寮」とも呼ばれた。

甲・乙の二科に分かれ、甲科生には生活費を含めて学費はすべて官費でまかなわれ、卒業後七年間は、工部省勤務が義務づけられた。教授陣はすべて英国人、授業はすべて英語で進められた。明治政府はこの人材養成制度に、近代化を賭けたといってもよかった。

辰野や曾禰らが慕う高橋は、英語力を生かし、翻訳の仕事に打ち込み、後ろ盾の森らを通じて、新政府の要人の間に、着々と人脈を築いていた。そんな中で、工学寮が近々、一期生を募集するという情報を得て曾禰に伝え、それがまたたく間に、唐津から上京した辰野らの間に広がった。

辰野、曾禰らは八月に、工部大学の第一回入学試験を受験した。応募者八十人、曾禰、麻生は官費生の甲科に合格、辰野、吉原は通学生の乙科だった。辰野は落胆したが、幸いその年のうちに実施された再試験に挑むことが出来た。「辰野金吾　工學専門官費入寮申付候事」。通学生から官費入寮生への〝特進〟だった。

この工部大学は、辰野らが在学中の一八七七（明治一〇）年に工部大学校に改称され、辰野らは栄えある第一期卒業生となる。一八八六（明治一九）年に、工部大学校は東京帝国大学工芸学部と合併し、現在の東京大学工学部の前身である東京帝国大学工科大学となる。

旗本の長男に生まれながら、大政奉還による主家・徳川家の瓦解を目の当たりにした妻木は、「朝臣」の道を選ぶほかはなかった。「朝臣」は新政府からのわずかな扶持を得て生きる身。妻木家の家臣も、櫛の歯が抜けるように屋敷を去った。

やがて、母が逝き、姉も嫁ぎ先で他界した。妻木少年は天涯孤独となった。妻木は十五歳になって、東京外国語学校の英語科に入る。下等四級というから、初歩の英語力を身につけただけだったろう。

工部省の電信寮で電信も学んだが、食いかじった程度でやめた。慶應義塾校の福沢イズムに身を置いてみたが、肌に合わなかった。明治という新時代は、幕臣の家系を背負う若者にとって、身の置き所が狭かったのかもしれない。妻木の転々とした青春の軌跡が、それを物語っている。

二年ほどの彷徨の後、妻木は無謀とも言える決断をする。それまで守って来た赤坂仲町の屋敷を売り払ってしまう。アメリカ留学の費用の工面だった。

そして、一八七六（明治九）年三月、「オーシァニック号」（米国船）に乗り込み、単身で渡米した。幕末から海外留学を目指す若者は相次いで出たが、主家の負担で派遣されるか、新政府になってからは、官費によるのが大半だった。

五年前に山川捨松、津田梅子らが最初の女子留学生として、官費でアメリカの地を踏んでいた。しかし、妻木は官費を得る手だてを持ち合わせていなかった。

三等船客としてサンフランシスコに向かい、そこからは大陸横断鉄道でニューヨークに着いた。当時のニューヨーク人口は約百四十万人。外国からの移民も増える一方で、アメリカ最大の都市には活気があふれていた。

妻木は「オーシァニック号」で、佐藤百太郎と知り合っていた。佐藤は下総・佐倉の生まれで、横浜・ヘボン塾で英語を習得、私費でサンフランシスコに渡り、一八七一（明治四）年に帰国。その後、官費で留学して経済学を修め、ニューヨークのブロードウェー六番街で雑貨商「日之出商会」を経営していた。

狭山茶や日本の骨董品、美術品も扱い、日米貿易に先鞭をつけていた。妻木はこの日之出商会の店員となった。

まだ英会話もままならず、アメリカ人との商談は無理で、ショーウインドのガラス磨きが、妻木の担当だった。日本を発った時の思いを満たすにはほど遠かった。

それでも妻木は真面目に働き、夜間中学校への通学が許された。佐藤が、若き日の自分と妻木を重ね合わせて、そうさせたのかもしれない。


日之出商会はアメリカ人など外国人相手の商売だったが、ニューヨークに住む日本人の情報交換の場でもあった。出入りする日本人の中に、富田鉄太郎がいた。

富田は仙台藩の重臣の四男で勝海舟の「氷解塾」で学び、一八六七（慶応三）年、勝の息子・小鹿に同行してアメリカへ留学、経済学を学んだ。

岩倉使節団の編成に際して帰国、通訳として使節団に加わった。その時の語学力が認められ、副領事心得の辞令をもらってニューヨークに留まり、その後、副領事に昇格していた。

　富田は、日々、ショーウインドの掃除に精を出す少年に目をかけた。三十九歳の副領事にしてみれば、若き同胞の行く末が気にかかったのかも知れない。

「君はどこの藩だ」と声をかけた富田に、「藩ではない。旗本だ」という答えが返ってきた。「家はどこだ」と聞かれ、妻木は「赤坂だ」と答えた。

「ほう、勝先生のところか」。富田のつぶやきが耳に届いて、妻木は「そうです。勝海舟先生ならすぐ近くです」と応じた。

　富田は妻木が、勝の薫陶を得て、幕府開明派と言われた活動に打ち込んだ仲間・妻木源三郎の息子だと気づく。師を同じくした父の盟友が、同じ地にいることに、妻木は勇気づけられた。

　それから妻木は、ひまが出来ると領事館に顔を出すようになった。骨休めのつもりだったが、アメリカ事情を知る上で、このうえない場所だった。領事館には館員、臨時派遣官として、内務省派遣の神鞭知常、目賀田種太郎、朝比奈一らがいた。

静岡藩士の長男に生まれた目賀田は、大学南校の第一期留学生としてハーバード法律学校（現ハーバード大学）を卒業したばかり。開成学校から留学中の小村寿太郎ら九人の監督官だった。すでに、勝の三女・逸と結婚していた。

富田を通じて妻木の身の上を知った目賀田は、何くれとなく妻木に声をかけ、親身に相談に乗るようになった。留学生の監督官だけに、せっかく私費でアメリカに来ても、大学を卒業できずに帰国する若者も少なくないことが気になって仕方がなかった。旧幕臣の家に生まれながら、明治維新で足下をすくわれたという境遇を同じくする妻木少年に、その轍は踏ませたくなかった。自分は法律を学んだから、帰国すれば代言人（弁護士）として独立出来るが、六歳下のこの少年は……。

そんな思いにかられて、少年に忠告した。「いったん帰国して、専門を決めて大学で基礎を習ってから来たまえ。このまま夜間中学に通っても、大学入学は無理だ」。目賀田は、帰国したら赤坂氷川の勝邸を訪ねて、自分の岳父勝海舟に会うように勧めた。「勝さんは君のお父さんを知っているはずだ」と励ました。

富田、神鞭が本国からの指示で帰国し、目賀田からも熱心に勧められ、妻木は一八七七（明治一〇）年六月、朝比奈とともに帰国した。短いニューヨーク生活は、妻木にとっては限りなく放浪に近かったが、後々、実り多いものとなってゆく。

妻木が勝邸を訪ねたのは、勝が元老院議員を辞して三年目のころだった。勝は松本荘一郎と話し込んでいた。

松本は播磨国(兵庫県)に生まれ、大学南校に入ってアメリカに留学し、土木工学を学んだ。東京府御用掛を振り出しに、工部権大技長、鉄道庁長官、逓信省鉄道局長、鉄道作業局長官を歴任。アプト式鉄道の必要性を説き、帝国鉄道協会を設立した。

勝は妻木の父・源三郎を知っていた。「ところで、お前さんなにをやりたいんだい」。勝に聞かれて、妻木は言いよどむことなく答えた。

「建築家になりたいです」。

ニューヨークで、そびえ始めたビル群を見た感激と、目賀田からもらった「独立人を通せる職業につけ」と言う忠告からだった。「一族には東大寺大仏殿の普請にあたった人もおられるのです」という母の言葉が、頭の片隅に残っていたせいかもしれない。

「どう思うかい」。勝が松本に意見を求めた。「工部大学校に入るのがいいでしょう。だが、造家は……」と、松本が応じた。

辰野らが第一期生として卒業した工部大学が改称され工部大学校は、専門学科や教育システムは、工部大学とほぼ同じだった。工学寮時代からその言葉が使われ、妻木が進みたかった「造科」とは、「建築科」を指した。

その前の年、アメリカ・レンセール工業大学の土木工学科を卒業して帰国、東京府に勤めていた松本は、その頃は、日本中に鉄道網を走らせることが夢だった。松本の頭の中には、「造家」は単なる「作事」、「土木」は「普請」で、はるかに国家のためになるという、熱い思いがあった。

「造家などやめて、土木にしろ」という松本の言葉を遮るように、勝が妻木に向かって口を開いた。「人生を決めるのはオマエさんさ。自分が信じる通りに生きればいい。組織に入ったっていい。そこで個性をどう伸ばすかだろうよ」。

翌年の四月、妻木は工部大学校の入試に合格して入学した。妻木が入学した年の採用人員は、二十六人だった。工部大学、大学校を通じて、最も少ない合格者数だった。しかも、全員が私費入学とされた。

その理由は、西南の役が勃発し、戦費調達のため、政府の財布が逼迫したためだった。妻木は帰国後、アメリカで知り合った朝比奈の長女・皆子を妻に迎えていた。月七円の授業料と生活費を稼ぐため、夜は私塾で英語を教え、松本の支援も受けての大学校生活だった。

二年間の基礎課程を終えて専門課程に進む時、妻木は初志を貫き、造家を選んだ。そこで、専任教師のジョサイア・コンドルに会う。

イギリスの若き建築家・コンドルは、一八七七（明治一〇）年、工部大学の造家科専任教師として招かれた。まず、工部大学の第一期生だった辰野、曾禰らに体系的、理論的に建築学を教えた。

コンドルは政府から、建築学教育とともに、国家的建造物の設計を依頼された。文明開化の象徴ともいえる鹿鳴館、帝室博物館、ニコライ堂、三井倶楽部などの設計、監理などの実績も残した。

コンドルは日本文化のすべてに興味を示し、日本画の河鍋暁斎《かわなべきょうさい》に弟子入りするほどだった。日本女性を妻にし、日本に永住した。「日本建築界の父」とも称されている。

工部大学校では、学業成績は三百二十点満点で評価され、二百点以上に「第一等卒業証書」とともに、「工学士」の称号が贈られた。百点以上には「第二等卒業証書」、百点未満に渡されるのは、「在学修学ノ実ヲ表スル」という証書だけだった。首席卒業には、官費による外国留学が約束されていた。

辰野の入学時の成績は三十一番、曾禰は七番だった。それが、卒業時には逆転して、辰野は首席卒業となった。ただ、設計作品や論文の点数は曾禰が上回っていた。

コンドルら教授陣は、辰野が持っていた将来性の豊かさを買った。一期生の辰野らは、一八七九（明治一二）年一一月、工学士として大学校の学窓を巣立った。

翌年の二月、化学、土木（鉄道・灯台）、電信、機械、造船、紡績、冶金、鉱山、造家など各科の首席卒業生ばかり総勢十人が、ロンドンに向け、横浜を発った。辰野はロンドン大学の建築、美術課程で学ぶ一方、キューピッド建築会社で五カ月間、建築家・ウイリアム・バージェスの事務所の研修生として建築の実務を身につけ、一八八二（明治一五）年にロンドンを発ちフランス、イタリアをまわって帰国したのは、次の年の五月下旬だった。

その頃、妻木は工部大学校で洋書と格闘し、コンドルの厳しさに打ち勝とうと必死な日々を送っていた。コンドルが設計した皇居の増築や北白川宮邸の新築現場で、実習にも励んだ。建築には技術的な面に加え、芸術的要素も不可欠だった。妻木はそこに惹かれていった。

実地科に進んで半年、卒業まで一年半を残すまでになった時、妻木は、東京大学理学部の教壇に立ち、図学（設計）を教えていた小島憲之と知り合う。小島は一八七三（明治六）年、大学南校から留学生としてアメリカに渡り、ハイスクールを経てコーネル大学建築科を卒業。その後、ヨーロッパ各地の建築事情を視察、一八八一（明治一四）年に帰国、文部省御用掛となっていた。

「これからの建築家は、世界を見なきゃだめだ」。小島のそのひと言に、妻木の胸の奥底に眠っていたものが、呼び起こされた。再度、アメリカに渡って、先進技術を学びたい——。

「いったん日本に帰り、基礎を学んで出直せ」。アメリカで、そう忠告された富田に相談した。今度は、「工部大学校を卒業してからにせよ」と言われるとばかり思っていた。

しかし、富田の口から出た言葉は、「それもいい。しっかりやってこい」だった。この富田の言葉が、妻木の背中をひと押しした。

妻と長女、生後十カ月の長男を残して、妻木は再びアメリカに渡った。一八八二（明治一五）年八月、コーネル大学建築学科三年に編入する。

妻木が横浜を発つ三カ月前に日本に帰った辰野は、翌々年には、コンドルの後任として、工部大学校の教授となった。コーネル大学に編入して二年後、妻木の卒業論文に「名誉の賞」が贈られ、「建築学士」の称号が与えられて卒業を果たした。

妻木はコーネル大学を卒業後、設計事務所に見習いとして雇ってもらい、鉄骨設計、高層ビルの鉄骨構造技術を身につけた。さらに、小島に習って、イギリス、フランス、イタリアを回り、ヨーロッパの建築物を見聞した。米欧滞在は三年四カ月に及び、横浜港に戻ったのは一八八五（明治一八）年九月だった。

妻木の経歴と実力に目をつけた男がいた。東京府の技師長・原口要だった。原口は大学南校で工学を修め、一八七五（明治八）年に渡り、アメリカで工学士の称号を得た。

現地の鉄道敷設工事を経験して帰国、一八八〇（明治一三）年に東京府技師長として、橋梁《きょうりょう》設計の第一人者としての名が通っていた。さらに、工部省の工部小技長も兼ねていた。

原口は妻木の帰国を待っていて、東京府に入るよう勧めた。当時の東京府は首都にふさわしい府庁舎の建設と、東京の都市改造というべき、「市区改正計画」の二大事業に取り組もうとしていた。

市区改正計画には、原口が直接かかわっていた。原口にしてみれば、首都改造の実行部隊を率いる一人として、妻木に白羽の矢を立てた。妻木は原口の熱望に応えた。「准判任官ニ任ス　土木課勤務ヲ命ズ」。一八八五（明治一八）年一一月一七日、妻木はこうして、今流に言えば官僚建築家としての第一歩を踏み出した。月給は百円だった。

工部大学校教授に就任する辰野の、工部権少技長としての月給に妻木のそれが追いついて同額になった。工部大学校の新卒者の月給が、一等卒業で三〇円の時代だった。いかに妻木の力が買われていたかを物語っている。

妻木が東京府入りして間もなく、知事の渡辺洪基《わたなべこうき》に呼び出された。知事室の来客用のソファーに肩幅の広い男が座っていた。

渡辺が妻木を紹介した。「建築御用掛として入った妻木君だ。アメリカの大学を出て、去年、帰ったばかりだ」。

「辰野です」。すでに、工部大学校教授だった辰野の言葉には、鷹揚な響きがあった。

渡辺は福井藩の生まれ。慶應義塾で学び、戊辰戦争に幕府軍として参戦したが許され、岩倉使節団に随行した。後に東京帝国大学になる帝国大学の総長就任が決まっていた。

渡辺は、以前から懇意にしていて、コンドルの後継者として名声を高めつつあった辰野と、若き部下との仲を取り持とうとした。「同窓生だそうじゃないか」と和ませたが、二人の間にぎくしゃくとした空気が流れた。

辰野の出は、唐津という田舎藩。自分は旗本の出で、将軍家のお膝元の生まれであり、世が世なら……。妻木の胸には、そんな思いがあった。しかし、薩摩、長州を軸にした藩閥政府の末端に身を置くことに、忸怩《じくじ》たるものもあり、胸中は複雑だった。

この辰野と妻木の初対面の時に、二人の間に流れた空気は、その後、草創期の日本建築界を二分する確執の予兆でもあった。

幕末、長州生まれの開国派志士、井上馨《いのうえかおる》が第五代の外務卿に就いたのは一八七九（明治一二）年。そして四年後の内閣制度発足で、初代の外務大臣になる。

井上は、外国から来る賓客や外交官をもてなす場を持たないのは、外交上の大きなハンデになると考えていた。それまでは、浜離宮を改修したり、旧蜂須賀邸を借りたりして、急場をしのいで来た。

井上の頭の中にある、最重要の外交課題は、幕府が結んだ不平等条約の改正だった。外国人に対する治外法権の撤廃もその一つだった。

日本に住んでいた外国人の多くは数年前まで行われていた磔りつけの刑や打ち首を実際に見分していた。外国政府は、自国民がこうした残酷な刑罰に処せられることを危惧して、強硬に撤廃に反対していた。

井上は、日本が文明国であることを外国人に示す必要があると考えた。外務卿時代の一八八〇（明治一三）年から三年がかりで、煉瓦造り二階建ての鹿鳴館を建てた。

場所は、現在の帝国ホテルの南隣。設計は工部大学校教授のコンドルだった。井上はここで、〝鹿鳴館外交〟と呼ばれた接待外交を繰り広げた。

一八八一（明治一四）年、明治天皇から「国会開設の詔勅」が出された。一八九〇（明治二三）年を期して、国会を開設し、欽定憲法を定めるとされた。

井上はこれを好機と受け止め、首都・東京の中央官庁街と議院（国会議事堂）の建設のために、内閣に「臨時建築局」を新設し、自ら総裁となった。総裁のもとに、コンドル、技師・松《まつ》ケ《が》崎《さき》萬長《つむなが》、一等技手・渡辺譲、二等技手・河合浩蔵、瀧大吉が召集され、妻木も准奏任御用掛として加わった。

井上は、木造のコロニアル式の西洋館や、単なる洋風建築ではなく、石造りや煉瓦造りの官庁街を頭に描いていた。井上流の欧化政策であり、政治的演出の舞台装置造りでもあった。コンドルを迎えたのも、本格的西洋建築をこなせる建築家は、鹿鳴館を設計したコンドルをおいていないと判断してのことだった。

コンドルが描いたのは、低層の建物で、周囲に公園や緑を配し、ゆったりとして、落ち着いた雰囲気の官庁街の図面だった。派手な飾り物で国の力を示そうとするのは、後進国のすることと考えた。低層にして、公園を多くしたのは、地震国への配慮もあった。

これは、井上が描いた構想と大きくかけ離れていた。「これでは駄目だ」。井上はコンドルを諦め、イギリスの王立建築家協会へ、コンドルに代わる建築家の派遣を求めたが、協会はつれなく静観を決め込んだ。

しびれを切らした井上は、ドイツ政府に協力を要請した。六カ月後の一八八六（明治一九）年四月、ドイツの代表的建築家の一人、ヴィルヘルム・ベックマンを派遣してきた。ベックマンには、ベルリン都市計画の父とも言われたジェームス・ホープレフトら十二人の建築技術者が随行した。ドイツ政府やベックマンには、ドイツの建築技術を世界に広めるというねらいもあった。

ベックマンらは来日前に、臨時建築局からの依頼で、日比谷周辺の都市計画、国会議事堂、海軍省、司法省などの基本計画、設計を描き上げ、それを携えていた。井上らの了解が得られれば、実施計画の作成に進む手はずを整えて来日した。

その基本計画では、皇居の東南から南、東方向は築地本願寺、西は日枝神社までの日比谷一帯の都市計画だった。中央に日本大通りが走り、天皇、皇后通りに分かれる道路網、そこに官庁街を配する計画は、井上らを基本的に満足させるものだった。

ただ、その道路網はナポレオン三世による、パリ改造の幹線道路網に倣ったものだった。典型的なバロック洋式の国会議事堂の設計図は、ドイツ帝国議事堂の設計コンペに出した図面の引き写しだった。

ベックマンらは来日後、鎌倉、日光、京都を視察、日本美術を研究していたアメリカ人・フェノロサと、日本文化について意見交換もした。その結果、ベックマンは計画の変更を言い出した。

神社仏閣が持つ美しさに触れるうち、日本文化、日本の伝統美を都市計画や議事堂や官庁街に取り込むべきだと気付いたからだった。そして、計画を変更するために、技師二人、建築材料などにアドバイスをしてもらったうえで、将来、工事の指揮をとる力量のある職人七人を、ドイツに派遣するように求めた。

ベックマンからの計画変更の申し出を聞いて、妻木は感銘を受ける。彼らにとっての建築物の意匠は、その国の風土や文化に深くつながっていなければならないという発想だった。

西洋の様式をそのまま模倣するのでは、意匠とはいえない。日本固有の様式を持ったデザインが必要だ。妻木はその思いを深める。

東京府から臨時建築局入りした妻木は、井上ら臨時建築局幹部とベックマンらの打ち合わせには、同席を許されないでいた。同僚の渡辺、滝、河合は工部大学校の先輩だったが、コーネル大学へ留学の経験がある妻木の方が、もらう給料はよかった。そうしたことへの意趣返しも働いていた。

しかし、妻木は何としても、ドイツへの派遣組に入りたかった。ベックマンの建築観をじかに学び、先端の建築技術と日本文化をいかにして組み合わせるのかを身につけたかった。

最年長の渡辺は別にして、残る派遣技師の選考は難航した。有力候補とは言えなかった妻木は、大蔵省にいた目賀田を頼った。

目賀田は旧幕臣の官僚を動かし、最後に岳父・勝海舟に井上への口利きを頼んだ。勝の一声が効き、臨時建築局は派遣枠を一人増やし、渡辺、河合、妻木の三人を派遣することにした。

出発を前にして、お礼とあいさつを兼ねて、妻木は氷川屋敷の勝を訪ねた。「東京は近代的な首都として、早く生まれ変わらなければならない。その仕事は、薩長の田舎者ではなく、代々江戸に住み、土地を愛している者にしかできない。お前さんも江戸を薩長のやつから取り返すつもりで勉強してこい」。それが、勝の激励だった。

結局、派遣団は一時帰国するベックマンを団長格に、大工、建具、煉瓦などの職人を含め、総勢二十一人となった。一行は一九八六（明治一九）年一一月一六日、ドイツへ旅立った。

妻木、渡辺、河合の三人は、ベックマンの事務所で設計の手伝いをする一方、夜はシャルロッテンベルグ工科大学に通い、近代建築学を学んだ。職人達はベルリン市内の工場や建築現場を紹介され、実地に技術の習得に励んだ。

翌年の春、妻木は偶然、友人の下宿で留学中の陸軍一等軍医・森林太郎と会う。森は後の小説家・森鴎外。この時、二十五歳の若き軍医だった。

森は三年間の留学の最後の一年を、コッホ研究所で衛生学を学ぶため、ミュンヘンからベルリンに入っていた。森は、日本の近代的都市造りに衛生問題が欠かせないことを強調した。

「東京は衛生にも配慮した都市造りをしなければなりません。それも、単に西洋を真似たものではなりません。江戸はベルリンやパリより清潔で美しい都市でした。そうした歴史的蓄積の上に、東京を改造すべきだと思う」。

森の話を聞いて、妻木は若くして長崎でコレラで死んだ父・源三郎の無念を思った。妻木と森は、コーヒー店でよく都市造りについて話し込んだ。二人の交遊は、帰国してからも続くことになる。

妻木はベックマンから、中央ホールに壮大なドームを持った、バロック式の純西洋建築だった国会議事堂の設計変更を任せられた。妻木は屋根を和風の瓦葺き、ドームは城郭の天守閣のようにし、中央玄関に唐破風を配した。

ただし、構造的には西洋技術を取り入れ、和洋の意匠、技術を調和させた。ベックマンを頷かせるものだったが、渡辺、河合の同僚二人は、「和三洋七の奇図」と揶揄《やゆ》した。そして、「西洋風と称して、大工が造った家と同じ。こんなものでは、日本からの設計依頼は取り消されるでしょう」とまで言った。

それでも、ベックマンと共同経営者のエンデの、高い評価は変わらなかった。残る裁判所、海軍省、司法省についても、妻木を総責任者にして、「和三洋七」方式で設計し直された。

渡辺は帰国後、一時清水組に入って、デザイナーとして活躍、海軍技師として海軍省に移り、海軍関連施設の建設にあたった。河合は関西建築界の指導的な建築家となり、小寺家厩舎、神戸地方裁判所などの代表作を残した。折り合いの良くなかった三人だが、共にベックマンの薫陶を受けたことから、〝ドイツ派〟と目された。

一方、コンドルの指導のもとに、一歩早く日本の建築界を牽引した、辰野を頂点とするグループは〝イギリス派〟だった。「和洋折衷」と「純洋風」の違いとも置き換えられる。

臨時建築局総裁として妻木らを送り出した井上は、兼務していた外務大臣としてイギリス、ドイツなどとの不平等条約の改正交渉に力を注いだ。しかし、一八八七（明治二〇）年七月、交渉に失敗する。民権運動の高まりの中、井上の欧化政策そのものも糾弾され、九月には外務大臣、臨時建築局総裁を辞した。

これに伴い、一八八八（明治二一）年一月、妻木ら三人に対し、帰国命令が出された。渡辺、河合の二人は、この命に服し、六月に帰国した。しかし、妻木はすぐには応じなかった。前年秋からベルリン工科大学にも通っており、修学に未練があったのかも知れない。妻木が帰国したのは、一〇月四日だった。

井上に代わって臨時建築局総裁に就いたのは、元工部卿・山尾庸三だった。山尾は官庁集中化計画の設計権をドイツ人のベックマンらから、イギリス人のコンドルへと移した。そして、それまでの工事部長を更迭し、辰野を工部大学校教授と兼務させた。臨時建築局からのドイツ派追放とも言えた。

渡辺、河合にしても、帰国した時はすでにハシゴは外されていた。帰国がさらに四カ月遅れた妻木にとっては、大魚を辰野にさらわれることになる。

日本銀行が本店の新築を決め、その年の七月、臨時建築局総裁の山尾に、設計者の推薦を依頼した。その二日後、山尾は辰野を訪ねた。辰野はこれを受け、一カ月後に岡田時太郎を伴って、日銀本店設計のためのヨーロッパ視察に出た。

山尾、辰野がことを急いだのには理由がある。当時の日銀総裁は、妻木が最初にアメリカに渡った時、親身に相談に乗り、妻木が父とも慕った富田鉄之助だったからだ。辰野は井上総裁の下で、中央官庁集中化計画の実行が、自分の師であるコンドルからベックマンの手に委ねられたことに、建築家として焦りを隠せないでいた。当然、富田と妻木の親密な関係を知ってもいた。

妻木が日本にいれば、富田の気持ちが妻木に傾くことを危惧した。山尾も同じ考えだった。山尾は「国家的大事業は工部大学校関係者がその責を負うべき」が持論だった。

総裁・富田は本店設計が検討段階になった時、妻木が未だ帰国していないのに、ホゾをかんだ。イギリス―コンドル―工部大学につながる人脈に外堀を埋められて手の出しようがなかった。妻木が日本にいたら、日銀本店の設計がこんなに素早く、辰野に任されることはなかったろう。

建築界のイギリス派とドイツ派の戦いは、ひとまずイギリス派に軍配があがった。別の意味では、日本の建築界が、〝お雇い外国人〟の時代を超えて、自立を果たしたとも言えた。

帰国した妻木は、中央官庁集中化計画のうち、裁判所工事を監理することとなった。裁判所はもともと渡辺の担当だったが、渡辺は帝国ホテルや学習院の建設に回った。妻木がドイツで、ベックマンをうならせた国会議事堂の設計は、「仮議院」として、工部大学校の一年先輩だった吉井茂則に委ねられた。

あきらめ切れない妻木は、上野・寛永寺や芝・増上寺になどに見られる、和風装飾を取り入れた案をあたためていた。しかし、西洋建築の引き写しを進取と考える、工部大学系の若手建築家からは不評だった。妻木の和洋折衷は、「奇異怪異の念を及ぼす不快な意匠」と断罪された。

仮議院、司法省、裁判所、海軍省などが完成すると、臨時建築局の渡辺は民間会社の設計部に、河合は大阪で自営の道を踏み出すなど、役所を離れて行った。一八九〇(明治二三)年三月、臨時建設局は廃止され、内務省土木局臨時建築掛に縮小された。

中央官庁集中化計画は、内務大臣の芳川顕正《よしかわあきまさ》が担当することになった。芳川は、ベックマンとの設計契約について、賠償金を払って契約を解除し、ベックマンらは本国に引き揚げた。妻木は内務省に転じ、土木局臨時建築技師としてポストを与えられ、建築官僚としての道を歩み続けた。

日銀本店の設計のためのほぼ一年近い外国視察から帰った辰野は、ベルギー銀行の本店をモデルに設計図と設計模型を造った。それを前に、「我が国の中央銀行にふさわしい、重厚さを心がけました」と閣議で報告した。首相・山県有朋が大きく頷き、内務大臣・西郷従道、大蔵大臣・松方正義ら元勲も同意した。

日銀本店は一八九〇(明治二三)年九月一日に着工を迎えた。辰野は一八八六(明治一九）年に造家学会（後の日本建築学会）を結成しており、日本の建築界の牽引者としての自負があったし、コンドルの後継者であることを自他共に許していた。

井上が臨時建築局総裁だったころには、コンドルとその教え子たちは計画から遠ざけられていた。やっと、中央官庁集中化計画にクサビを打ち込めたことに、万感の思いがあった。

一八九〇（明治二三）年一一月に、内幸町の仮議院に、第一回の帝国議会が召集された。本格的な国会議事堂の建設も議論され、貴族院書記官長・金子堅太郎は、「万世不朽ニ伝ワル堅固荘厳ナル」議事堂となるようにと主張した。しかし、一八九四（明治二七）年一一月に、日清戦争が始まり、金子の建言は現実のものとはならなかった。

八月一日に清国への宣戦布告があり、その二カ月に満たない九月二二日、妻木は内務省土木局長・都筑馨六《つづきけいろく》から、直々の呼び出しを受けた。内務省兼東京府三等技師として、二カ月前に赤煉瓦二階建ての東京府庁舎を完成させたばかりだった妻木に、広島出張が命じられた。理由については、「現地に行けばわかる」とだけ言われ、その日のうちに、部下三人を同行して東京を発った。

広島ではすでに、日清戦争の開戦に備え、陸軍第五師団司令部に大本営が置かれ、明治天皇は九月一五日に東京を発ち、お召し列車で三日かけて広島に入って、翌日から公務についた。首相の伊藤博文は名古屋で発熱して、天皇に三日遅れて広島入りした。東京に残った井上馨ら三人を除く、閣僚、陸軍幹部は広島市内の旅館に分宿した。

九月二五日午前二時に広島に着いた妻木らが、夜明けを待って大本営に出頭すると、内務次官・松岡康毅をはじめ、宮内省、貴族院、衆議院の事務方の要人が、都筑と待っていた。松岡は、「この地に仮議院を建設しなければならない」と切り出した。妻木らに、その設計、監理が命ぜられた。

一〇月一五日から、日清戦争の戦費などを審議する臨時議会の開催が予定されており、許された工期は二十日間だけだった。妻木は松岡から、「どうだ、出来るか」と聞かれ、「何とかしましょう」と答えるほかはなかった。資材、大工、職人の確保は、松岡が責任を持つことになった。

宿舎には参謀次長・川上操六と同じ旅館が割り当てられた。用意された部屋には、広島県知事・鍋島幹の計らいで、設計に使う製図台や製図用具のすべてが用意されていた。妻木らは睡魔と戦いながら設計に取り組み、翌朝の四時半には設計図が出来上がった。そして、早朝には設計書と工事見積書の提出にこぎつけた。

工事は妻木らが広島に入って五日目から開始された。雨が降っても作業が出来るように、間口一八㍍の下小屋を三棟建て、午前六時半から、一時間の昼休みを挟んで、夕方五時半までとし、多い日には五百人を超える大工を動員した。

不足がちの材木を調達するため、逓信省と掛け合って、電信柱用の丸太を確保した。天井は板を張らずに、むき出しのままにした。議場の議員席は長椅子方式。机、椅子とも一人用にする手間はかけられなかった。

夜間は、照明としてランプと松明が使われたが、それだけでは足らずに、大工たちはたき火で灯りをとって作業を続けた。引き渡しが翌日に迫った一〇月一三日、宮内庁が内諾していた、貴族院の玉座に降ろす緞帳《どんちょう》の貸し出しを断ってきた。妻木は自ら市内の呉服屋を回り、帯地と布地を用意、同行した技師達と慣れぬ手つきで緞帳を縫い上げた。

とび職延べ三四〇〇〇人、大工七一六八人、わずか一五日間で洋風木造平屋建て、約三〇〇〇平方㍍、議員席は貴衆院合わせて六百席の広島仮議院は完成した。壁面は、紺と白の布を張った板を回し、太めの格子模様にしたが、それが、戦陣会議の場の風情をかもし出した。

工費は二万五千百十四円で、見積りより四千四百二円ほど安くあがった。一〇月一五日、戒厳令下の仮議場に第七回帝国議会が召集され、日清戦争の戦費支出が承認された。

わずか一五日間で、議事堂を完成させた妻木の才覚は、政官界にとどろいた。一一月には、貴衆両院から、慰労金として五百円が下賜された。この仮議院は、日清戦争中は陸軍予備病院第四分院として、その後は第五師団司令部として使われた。

辰野は、日銀本店に、「硬質にして透明感」を持たせ、「永遠と超越」を示すために、建築材として石材を選んだ。それも、国家の威信を象徴させるため、光に輝く御影石を外壁に使った。

工事は日清戦争を挟んで進められ、着工から七年かけて、一八九六(明治二九)年三月二二日、地上三階、地下一階、御影石と煉瓦造りの本店が完成した。使われた御影石は二万一千百五個、煉瓦は七百十四万二千八百五十三個に達した。

イギリスのネオ・クラシズムを基調として、重厚で荘厳なネオバロック建築に仕上がった。日本人建築家による最初の国家的建築で、本格的な石造建築としても初めてだった。

辰野は工事全般の財務、総務の総括者を、恩師でもある高橋是清に頼み込み、積算、仕様、施工、監理に弟子達を配し、近代的な体制で工事を進めた。工事費は最終的に、予算の三倍もの百二十万円にのぼったが、ともすればどんぶり勘定になった施工体制の近代化に先鞭をつけた。

辰野は、日銀本店完成の三年前に、赤坂にあった元勲・副島種臣の屋敷を買い取った。相撲好きだった辰野は、庭に土俵を作り、弟子達を相手に取り組みを楽しみ、雲竜型の土俵入りまで覚えた。日銀本店の完成後は、毎年三月二二日の竣工記念日には、息子を太刀持ちにして、日銀本店の方角に向かって、土俵入りをしたという。

そのころから、妻木と辰野は、ライバルとしてお互いを意識し始めていた。妻木は工部大学校の同窓会から、同窓会開催の案内状を受け取ったが、それを無視した。自分は工部大学校の途中で、コーネル大学に編入して、卒業生ではないというこだわりがあった。

それ以上に、同窓会が辰野のグループに牛耳られていることに、強い違和感を持っていた。日銀本店、辰野の級友の曾禰による丸の内・三菱一号館……。「西洋に追いつき追い越せ」という意識だけで、洋風建築の模倣としか思えない、辰野らの建築観にはついて行けなかった。

妻木には、建築界を動かしたり、指導的地位を占めたりするという野望はなかった。自分が最良と信じる意匠を、具現化することしか考えていなかった。造家学会の活動にも、お付き合いの域を出なかった。

ただ、工費の積算や工事監理、資材の調達などについて、それまでの棟梁によるどんぶり勘定的なものから脱皮させようという、近代化への思いは辰野と同じだった。そして、職人の腕と資材の質に、高度なものを求める厳しさも一致していた。

日清戦争に勝利し、政府は殖産興業の充実に力を入れた。その政策のひとつに、日本勧業銀行の設立があった。低利長期の資金を調達して、産業振興資金として民間に回す、大蔵省主導の国策銀行だった。

銀行設立は、大蔵次官・田尻稲次郎を委員長に、金子堅太郎、初代総裁になった河島醇、渋沢栄一、富田鉄之助ら十三人の設立委員会で検討された。広島の仮議院の仕事を終え、大蔵省技師も兼ねていたのと、委員会に富田がいたから、勧銀本店の設計、監理は当然のように、妻木に回ってきた。

「これでおしまい」。家族にそのひと言を残して、妻木の恩人、勝海舟が一八九九(明治三二)年一月二一日に大往生した時、妻木は、勧銀本店の完成を前にしていた。そして、内国勧業博覧会に出品するために、東京府から依頼された、石造の日本橋の、粘土模型の制作に精魂を込めていた。

一八七二(明治五)年に架けられた木造の日本橋は、四半世紀を経て、強度がおぼつかなくなっていた。東京市も掛け替えに、重い腰をやっと上げようとしていた。

妻木は模型用の粘土をこねる度に、勝が言っていた言葉を反芻し、胸に刻んだ。

「国の首都は家の玄関、人の顔のようなもの。日本橋はお江戸の象徴、江戸っ子の誇りだった。世の中は進歩したが、日本橋のあたりは単なるどぶ川に変わった。それが首都東京の今の姿。三十年前、俺と西郷(隆盛)が必死に守ろうとした町のなれの果てだ」

妻木が設計した勧銀本店の建設地は、鹿鳴館の南隣だった。一八九九(明治三二)

年六月に完成した、木造二階建ての勧銀本店の外観は、日本古来の伝統的な意匠で、二階から上の部分は、江戸の寺院建築のようで、屋根は入母屋破風にした。外見だけでいうと、大寺社と見間違うほどだった。

並んでいる帝国ホテル、鹿鳴館が西洋建築だけに、勧銀本店は異彩を放った。この設計を受けた時、東京商業会議所が工事の最中だったし、横浜正金銀行本店の設計も迫っていた。だから、勧銀本店の設計では、東京帝国大学造家学科の大学院生だった、武田五一の着想を生かした。

福山藩士の息子で、まだこれといった実績のない若い建築家の意匠を買ったのは、忙しさにまぎれてのことではない。辰野の日銀本店の洋風への対抗心はあったかも知れないが、なによりも武田の才能を認めたからだ。以来、妻木のもとにも若手建築家が集い始めた。

この日本風の本店に、河島総裁は満足したが、建築界には賛否両論が巻き起こった。辰野、曾禰らのグループからは「不快に感じる」と不評だった。しかし、多くの〝江戸っ子〟は、「大名屋敷のようだ。これが、江戸だ」と快哉をあげた。

当時、鳴り物入りで造られた、銀座の煉瓦街は、入居者が少なく、空き家が続出していた。政府は東京全域をレンガ街にしようという構想を持っていたが断念した。また、政府は規則を発布し、日本橋、京橋、神田地区では、道路の路線を指定して、その沿線の建物は、石造り、煉瓦造り、土蔵造りの何れかを選択するように義務づけた。防火と街並みの洋風化の一石二鳥をねらった。

これを受けて住民が選んだのは、土蔵造りが最も多かった。薩長を主軸とした新政府のお役人の押しつけに反発する〝江戸っ子気質〟もあったに違いない。旗本の出の妻木は、国家の意思の象徴でもある辰野の日銀本店を意識しながら、江戸の心を勧銀本店に吹き込もうとしたに違いない。

一八九五（明治二八）年三月、日清戦争は日本の勝利で終わった。戦勝気分の中で、議院・国会議事堂建設の気運が高まってきた。戦勝二年目の一八九七（明治三〇）年五月、内閣の臨時建築局、内務省の臨時建築局を引き継ぐ形で、議院建築調査会が設置された。

調査会は工事費の積算を一千五百万円とはじいた。そして、意匠設計は競技設計（コンペ方式）で行い、十五年の工期で建設するという、基本方針を打ち出した。しかも、コンペは応募者を日本人に限定し、審査員はすべて外国人とすることにした。

しかし、日本人の応募だけで、満足な作品が集まるかどうかに不安があって、「募集の結果により、別に外国において募集することあるべし」という、一項が加えられた。審査員を外国人としたことについて、「有力な日本人建築家にすると、応募作品の質が落ちるから」とされた。

そのうえで、仮議院の設計に当たった経験のある吉井茂則、大蔵兼内務省技師で大蔵省臨時建築部長の妻木、東京大学工科大学学長で日本建築学会長の辰野の三人に、それぞれ平面図の作成を求めた。一方でコンペ方式を宣言しておいて、三人にこうした依頼をしたことについて、「あくまで、新議院の基礎資料とするため」と説明されたが、妻木と辰野を競わせるという、調査会の意図が透けて見えた。

妻木と辰野の対決は、建築界だけでなく、世間の耳目を集めた。しかし、設計競技に要する経費の予算化がうまく行かず、「財政逼迫」を理由に調査会は解散となり、コンペは実現せぬまま、国会議事堂建設の気運そのものはしぼんでしまった。

調査会が動いていた一九八八（明治二一）年、不惑を迎えた妻木は、辰野が横浜正金銀行本店の設計を受けるべく、政界や財界に働きかけているという噂を、聞きつけた。辰野はこの時、内務技師として奈良の大仏殿の修理も手がけていた。

正金銀行は一八八〇（明治一三）年に政府系銀行として設立され、生糸や茶などを扱う貿易商の貿易・為替専門銀行として伸びていた。辰野は日銀本店に次いで、正金銀行本店の設計に魅力を感じていた。

辰野は昵懇だった東京府知事、帝国大学総長を歴任した渡辺洪基に支援を頼んだ。「正金銀行の設計を弟子の長野宇平治にさせてやりたい」というのが理由だった。しかし、その長野は奈良の大仏殿修復のため、文化財修理技師として奈良にいた。本音は自分で設計したかった。

妻木は辰野の言動で、その意図が手に取るようにわかった。それを知って、妻木も正金銀行の図面は自分が引きたくなった。

妻木は大蔵省主税局長として財政再建のために尽力していた、目賀田を頼った。さらに、幸運だったのは、ニューヨーク放浪の時、目賀田に劣らず、親身になってアドバイスをしてくれた相馬《そうま》永胤《ながたね》が、官選取締役として正金銀行に入り、頭取までに登り詰めていたことだった。

水面下で動いた辰野の工作を封じ込み、一八九八（明治三一）年二月、妻木は相馬頭取から本店設計者として指名を受けた。日銀本店の設計では、ドイツに留学中だったため、辰野に遅れを取った。今度は、富田、目賀田、相馬ら、勝海舟の薫陶を受けた旧幕臣グループの後押しが大きく働いた。

　妻木は正金銀行本店を地上三階、地下一階、外壁を花崗岩の石造にした。正面屋上に、地上からドーム頭頂まで三六㍍という、巨大な青銅のドームを据え、ネオバロック様式を取り入れた内部設備には、消火栓、電話設備、ガス給湯装置、電気式扇風機、ドイツ技術を導入した暖冷房など、最先端の機能をすべて盛り込んだ。

　とくに、正面玄関の真上に置いた貴賓室の内装には気を使った。外国からの賓客を接待する、相馬の姿をイメージしていた。

　正金銀行本店の設計は妻木にさらわれた辰野だが、勧銀本店の設計の際に、妻木がその着想を高く買った、武田の実力を評価した。そして、東京帝国大学工科大学建築学科の助教授陣に迎えた。

　一年半後、その武田が職を捨ててヨーロッパへ行きたいと言い出した。残る国家的大事業は国会議事堂の建設で、必ず自分の手で成し遂げると決意した大蔵技師の妻木が、教育者より実務者としての力を磨くよう説得したのが功を奏した。

一九〇一（明治三四）年四月、妻木は正金銀行の工事監理を信頼のおける遠藤於兎にまかせ、ヨーロッパの各国の国会議事堂の視察に出ることにした。武田が辰野に助教授辞職を申し出たのは、これに同行するためだった。実は、妻木がそうさせていた。若手建築家として頭角を現した武田の取り合いだった。

議事堂建設は予算化されていなかったから、妻木は目的を「欧米等の諸事情の視察」とぼかして出張を認めさせた。ただ、一月に出発するはずだったが、間際に肺炎を患って先送りになった。

一カ月半前に武田を先に出発させ、現地で落ち合うことにし、妻木には部下の小林金平が同行した。三人はロンドンで合流して視察を続けた。武田二十九歳、妻木四十二歳だった。

一九〇三（明治三六）年、辰野は教壇を去って、建築事務所を設立する。実は、辰野は一七年前にも建築事務所を作ったことがあった。寄せられた注文は、家屋の修理ばかりで、数カ月で閉めた苦い経験があった。今度はその轍は踏まなかった。

正金銀行本店は、着工から六年、日露戦争最中の一九〇六（明治三九）年六月三〇日に完成した。日銀本店に勝るとも劣らぬ重厚さを漂わせる本店の威容は、ハマっ子のドギモを抜いた。

純和風の勧銀本店木造から一転して、堂々とした洋風の石造。その発想の柔軟性が、専門家をうならせ、同時に辰野に対する妻木のライバル意識を鮮明に浮き立たせた。

二人は建築家として、世間の評価を分け合っていたが、辰野には、日銀本店のほかは官庁建築の実績はなかった。その代わり、教壇、日本建築学会を通じて、若手の育成力は妻木をしのいでいた。とくに、建築学会は、十九年にわたって会長職を勤め、学会に君臨することになる。

妻木は勧銀本店、横浜正金銀行本店のほか、全国の葉煙草関係施設などを含む設計実績から、官界からの信頼は高く、辰野はそれに及ばなかった。しかも、広島仮議院の建設の際の功績から、国会議事堂建設も妻木に委ねられるだろうという見方がやや勝っていた。

妻木自身も、その構想をふくらませ、武田、大熊喜邦、矢橋賢吉らを、将来の国会議事堂建築要員として、大蔵省臨時建築部に集めた。

「三年後に帝国議院起工」。新聞にそんな見出しの記事が出たのは、日露戦争の戦勝気分が残っていた、一九〇七（明治四〇）年の暮れだった。大蔵省首脳の話をもとに書かれたその記事は、国会議事堂建設が妻木ら大蔵省技師の手で進められることの暗示でもあった。

二カ月後、辰野は建築学会での同志とも言える、若手建築家の伊東忠太、塚本靖との連名で、「議院建築の方法に就いて」と題する論文を新聞に発表した。国会議事堂のような国家的大事業は、一個人にまかせるような時代ではなく、有能な建築家の英知を集めるべきだと主張した。

「一個人」とは、妻木を指した。英知を集める最適な方法は、公開コンペしかないと提案していた。政官界を巻き込んだ妻木らの動きを「独断専横」として、封じ込める作戦だった。建築学会の総会を招集して、この論文に沿った決議を行い、意見書を各界に配った。

妻木はこうした動きには動ぜず、大蔵省建築部として大事業へ向けての準備を進めた。一九〇八（明治四一）年六月、妻木は矢橋、武田を米欧の国会議事堂視察に送り出した。その視察結果をもとに、構造を矢橋、様式を武田に担当させ、一九一〇（四三）年には、自分が手を入れた上で、建築家としての命をかけて国会議事堂の設計図を書き上げてしまった。

辰野らの巻き返しも一段と激しさを増し、国会議事堂建設問題は、政官界を巻き込んだ大論争に発展した。「辰野君らをこのまま無視するわけにもゆくまい」。大蔵次官・若槻礼次郎が、世論を気にした。

大蔵省内に議院建築準備委員会を設置することで、政治的妥協を図ろうとし、省内では委員会設置のねらいを、「辰野らを懐柔するため」と説明した。妻木は辰野らを勢いづかせるだけの委員会に、納得が行かなかった。しかし、辰野や伊東、塚本、中村達太郎という三人の辰野派が送り込まれた委員会の時には、ことさら平然を装った。

一九一〇（明治四三）年一〇月一四日、首相官邸で第五回目の委員会が開かれた。大蔵大臣を兼務していた、首相の桂太郎が委員長として、議事を進行させた。敷地、総面積が了承され、桂が閉会を宣言しようとした時、伊東が「緊急動議」と声を上げた。

伊東は東大大学院で法隆寺研究に没頭し、造神宮技師、内務技師、東大教授を歴任、明治神宮神殿を設計、早稲田大学で教えていた。「造家」に対して、「建築」という用語を提案、学会も大学も、「建築学会」「建築学科」と変えさせていた。

建築学会では、論客としても知られていた。伊東はゆっくりとした話し方だったが、コンペ方式の採用を求めて、持論を展開した。

若槻が、「コンペにした場合、一流建築家は審査員になるため、応募者は二流だけにならざるを得ない」と感想をもらした。これは、大蔵省からのコンペへの実質的な拒否回答だった。もちろん、事前に妻木と打ち合わせたシナリオに沿ってのことだった。

日本には、コンペに耐えうる有能な建築家数が足りない。それが、妻木の思いだった。辰野らがそれを知って、大蔵省主導の国会議事堂建設をストップさせるべく、自分に一矢を放って来るに違いないと、妻木は読んでいた。だから、若槻にガス抜きを振り付けておいた。

コンペ方式を認めない大蔵省にしびれを切らし、辰野自身が発言に立った。一流を審査員にしたとしても、その委員に一案ずつ応募させてもいいじゃないかと主張した。これでは、コンペにならないため、委員会は紛糾した。辰野の盟友の曾禰さえもが、発言した辰野に対して、「自分が議院設計の宿望をかなえたいのではないか」と指摘する始末だった。

辰野の思いがけない発言が、委員会の雰囲気を変えた。桂が決を取った結果、辰野の提案は十五対六で否決された。

大蔵省の営繕部門のリーダーに登り詰めていた妻木は、大蔵省臨時建築部部長として、辰野との戦いに勝った。しかし、私生活では、この委員会のほぼ一カ月後、長男・頼功を失う不幸に見舞われた。風邪をこじらせ、肺炎で、三十歳の生涯を閉じた。

一時は失意のどん底にあったが、明けて一九一一（明治四四）年は設計を手がけた建物の完成が相次いだ。三月に意匠設計をした日本橋、夏には横浜新港の税関倉庫、専修学校（専修大学）記念堂、相馬田書庫、一五銀行日本橋支店、沼津、京橋、徳島、長岡の税務署庁舎、専売局庁舎……。

四月三日、妻木が意匠を担当した日本橋の開通式の日に、読売新聞に掲載された記事は、議院建設をめぐる、妻木と辰野の激烈なせめぎ合いの余燼がもたらしたものだった。

ただ、妻木に軍配が上がった国会議事堂建設は、皮肉な運命をたどる。その夏になって、内閣は桂内閣から、西園寺第二次内閣に代わった。首相の西園寺公望は、「あらゆる面で予算を緊縮する」と宣言、議院建築委員会は廃止され、国会議事堂建設に関連する経費が予算書に載ることはなかった。

妻木が矢橋、武田を使って書き上げた、議院の設計図も、関東大震災で焼けてしまった。ただ、妻木から議事堂建設要員として大蔵省に集められた建築家のうち、大熊が一九三六（昭和一一）年に現在の国会議事堂を完成させることになる。

辰野は弟子達に、口癖のように言っていた。「帝都に三つのものを残したい」。それは、日本銀行、中央停車場、それに国会議事堂を指していた。

日銀本店は望みがかない、国会議事堂は、建設計画そのものが遠のいた。しかし、中央停車場については、一八九六（明治二九）年に帝国議会が建設を決議、翌年、五年間の契約で、ドイツ人技師・フランツ・バルツァーが鉄道技術顧問として招かれた。

バルツァーは入母屋造り、瓦葺き屋根で純和風の駅舎を設計した。「東京の表玄関にふさわしくない」というのが政府の判断だった。また、駅舎が棟割りされ、それぞれに出入り口があるのも、建物の統一性を欠くという印象を持たれた。

鉄道院総裁・後藤新平は日露戦争の勝利を踏まえて、「大国ロシアを負かせた国にふさわしく、世界が驚くような駅を」と注文をつけた。設計はドイツ人からイギリス派の辰野へ持ち込まれた。

辰野は一九〇七（明治四〇）年、葛西萬司と共同で経営していた建築事務所を銀座から八重洲に移し、バルツァーの構想をベースに設計を進め、基礎工事に着手した。地盤が軟弱だったため、約一万一千五百本の丸太を打ち込み、その上に一・三㍍の厚さでコンクリートを打って基礎にした。

建物は赤煉瓦を使い、中央に皇室専用の出入り口を持つ、三階建てを中心に、乗降者の出入り口の屋根には、ルネサンス風ドームを配した。敷地面積約二十二万平方㍍、建物は南北三三四・五四㍍、ドーム高四六㍍。鉄材の使用量は三千五百㌧、赤煉瓦は八百九十五万四千個にのぼった。

二百八十万円余の経費が投入され、一九一四（大正三）年一二月一八日に開業の運びとなり、この日を期して、「東京駅」と命名された。これで、辰野は国家の象徴とも言うべき日本銀行と東京駅を完成させた。この年、辰野は六十一歳だった。

辰野が全精力を注ぎ込んで、東京駅建設に当たっていた頃、妻木は生涯最後の作品となる日本赤十字社本館の設計、建設に取り組んだ。一九〇八（明治四一）年九月に発注を受け、一九一二（大正元）年一〇月に竣工となった。

翌年五月に、大蔵省を去った。建築技師としての官僚生活に何の悔いもなかったが、議事堂建設を手がけられなかったことが、唯一の心残りだった。

一九一六（大正五）年二月、妻木が最初にアメリカに渡った時に世話になった富田が、八十二歳で逝った。その年の一〇月一〇日、妻木も五十七年の生涯を閉じた。奇しくも、桂太郎の命日だった。

妻木がこの世を去ってほぼ半年後、一九一七（大正六）年六月、大蔵省に議院建築調査会が設置される。

調査会は十一回の委員会を経て、公開コンペにすることで決着した。コンペには百十八件の応募があり、二次にわたる選考の結果四案に絞られ、一九一九（大正八）年三月二〇日、宮内省技手・渡辺福三らの共同作品が一等に選ばれた。

前年暮れに体調を崩した辰野は、この審査の大役をこなしたが、二〇日夜に肺炎となり、呼吸困難になった。二三日に小康状態になったが、二五日深夜、息を引き取った。

国会議事堂はコンペの当選作をもとに、大蔵省営繕官になっていた大熊喜邦らが設計、一九二〇（大正九）年に着工した。棟上げが終わった直後に、工事を指揮してきた大蔵省営繕官・財務局工務部長の矢崎賢吉が急死し、大熊が後を継いだ。

完成まで一七年かかり、一九三六（昭和一一）年一一月五日、議事堂天覧があり、大熊が案内した。大熊はその栄誉に浸りながら、師匠・妻木の無念を晴らしたような気持ちだった。

二日後の七日、中央玄関前で竣功式が挙行された。総理大臣・広田弘毅、貴族院議長・近衛文麿、衆議院議長・富田幸次郎ら参列者二千八百人。延べ二百四十五万人を超えるすべての工事関係者を代表して、大熊の工事報告が永田町の丘に響き渡った。

設計には辰野が主張した、コンペ方式が取り入れられ、工事そのものは大蔵省主導で進められた。「国家的大事業の議事堂建設は、官庁営繕を担う大蔵省がやるべき」と言っていた妻木の考えが、〝遺言〟として蘇ったかのようだった。

明治の建築界を二分した、妻木・辰野の生涯をかけたライバル争いは、国会議事堂の建設では、結局、決着はつかなかった。それは、天の配剤というものだったかも知れない。

日本橋、日本銀行、東京駅……。明治の建築物を訪ね歩く時、この時代にかけた若者達が、熱き情熱をぶつけ合う姿が浮かんで来るようだ。

二〇一〇（平成二二）年、日本橋は、ドイツの洗浄機器メーカー・ケルヒャー社の日本法人・ケルヒャージャパンと「名橋『日本橋』保存会」の手で、架橋以来一〇〇年間についた汚れが洗い流され、御影石の輝きを取り戻した。東京駅は文化財として保存を万全にするため、復元工事のさなかにある。

日本橋ルネッサンス。日本橋、日本銀行、東京駅を結ぶ日本橋界隈は、新しいショッピングビルの誕生、街路の整備も進んでいる。妻木と辰野のライバル争いは、その槌音の中では、歴史のほんの一コマでしかない。

第二部　石造アーチ橋ロマン

江戸城の大手から流れてくる川に、最初に橋が架けられたのは、一六〇三（慶長八）年、徳川家康が幕府を開いてすぐだった。もちろん木橋で、長さ約六十八㍍、幅八㍍というから、当時としては、文字通り「威容」だった。

魚河岸発祥の碑

最初は名前がつけられていなかったが、翌年、ここを起点として、東海道、中山道、甲州街道、奥州街道、日光街道の五街道に宿場が設けられ、諸国への基幹街道が整備され始めた。「日本の中心」という意味で、「日本橋」と名付けられ、下を流れる川も「日本橋川」と呼ばれるようになった。

「橋上貴賤ノ来往昼夜絶エス富嶽遙ニ秀麗ヲ天際ニ誇リ白帆近ク碧波ヲ帯ス」。橋上から

絵巻物「熙代勝覧《きだいしょうらん》」に描かれている日本橋の賑わい

霊峰・富士山が見え、江戸前の海はすぐそこにまで広がっていた。

欄干の親柱は、擬宝珠で飾られた。府内で擬宝珠がついた橋は、江戸城見付門の橋と京橋の三橋だけだった。それは、日本橋の格式の高さを物語った。

南詰め（新橋側）の新橋に向かって右側には、高札場があった。法度・禁令・犯罪人の罪状が書かれ、幕府による情報発信の拠点だった。北詰めには魚河岸があり、こちらは、江戸の流通センターと言えた。

高札場の反対側に晒し場があった。明治に入るとそれは消え、一八七二（明治五）年、跡地に日本橋電信局が開業し、情報発信機能が格段に高まった。

火事は江戸の花。江戸時代には大火が多かった。旧暦の正月から三月にかけて、空ッ風にあおられた火の粉が遠くまで飛び、延焼速度は想像を超えた。

お堀を挟んで建つ、江戸城の本丸や大奥を焼く大火もあった。一七一七（享保二）年の正月に焼死者百人を出した大火では、第八代将軍・吉宗が自ら本丸の屋根に登って、消火の陣頭指揮にあたり、本丸炎上を免れたという。

火事のたびに市中の橋がよく焼け落ちた。橋を渡って逃げ延びようと集まった人々の足元を見透かし、法外の船賃で渡し船を出す「悪欲無道」な輩もいた。

日本橋も例外ではなかった。明暦から安政の幕末まで二百二年の間に、全焼八回、半焼二回を数えている。

江戸時代の橋は、御入用橋、組合持橋、手持橋の三種に分けられていた。御入用橋は架橋、維持、管理は幕府の費用でまかなわれた。日本橋、京橋、江戸橋、浅草橋、両国橋など主要な橋がこれにあたる。組合持橋は武家、寺社、町内が組合を作って、手持橋は寺社、町人が個人で架橋し、維持、管理に当たった。

日本橋の架橋にかかった費用は約一千両、工期は八十日間前後と言われた。幕末まで十回も全半焼し、耐用年数が来て架け替えられた回数と合わせると、架け替えは二十回近い。日本橋の架橋、維持管理に、幕府が使った費用は莫大なものだった。

日本橋を含め、柱を用いずアーチの力だけで荷重に耐えるアーチ橋は、「拱橋《こう》」と称される。ほとんどが石造で、一般的には「眼鏡橋《めがねばし》」とも呼ばれる。

アーチが一つのものを「単拱橋」、二つあるのを「二連拱橋」と呼び、日本橋はこれにあたる。ヨーロッパには三つ以上のものも多く、それは「連続拱橋」と言う。

石造アーチ橋の構造を理解しやすくするために、橋の部位の名称などを確認しておく。

美しいアーチを描く枠石の連なりは「拱環《こうかん》」（アーチリング・アーチリブ）。それを構成する枠石が「拱環石」「輪石」。アーチの頂点に当たる枠石が「冠頂石」（キーストーンあるいはクラウン）で、「契石《ちぎりいし》」、「拱頂石」とも呼ぶ。

アーチの両端の「起拱部」を結ぶ長さが「径間」（スパン）。径間の位置から、冠頂石までの高さが「拱矢《こうし》」（ライズ）で、拱矢と径間の比を「拱矢率」（スパンライズ比）と言う。半円の拱矢率は2で、拱矢率が大きくなるほど、アーチは扁平になる。

日本橋の諸元を求めると、次の通りになる。

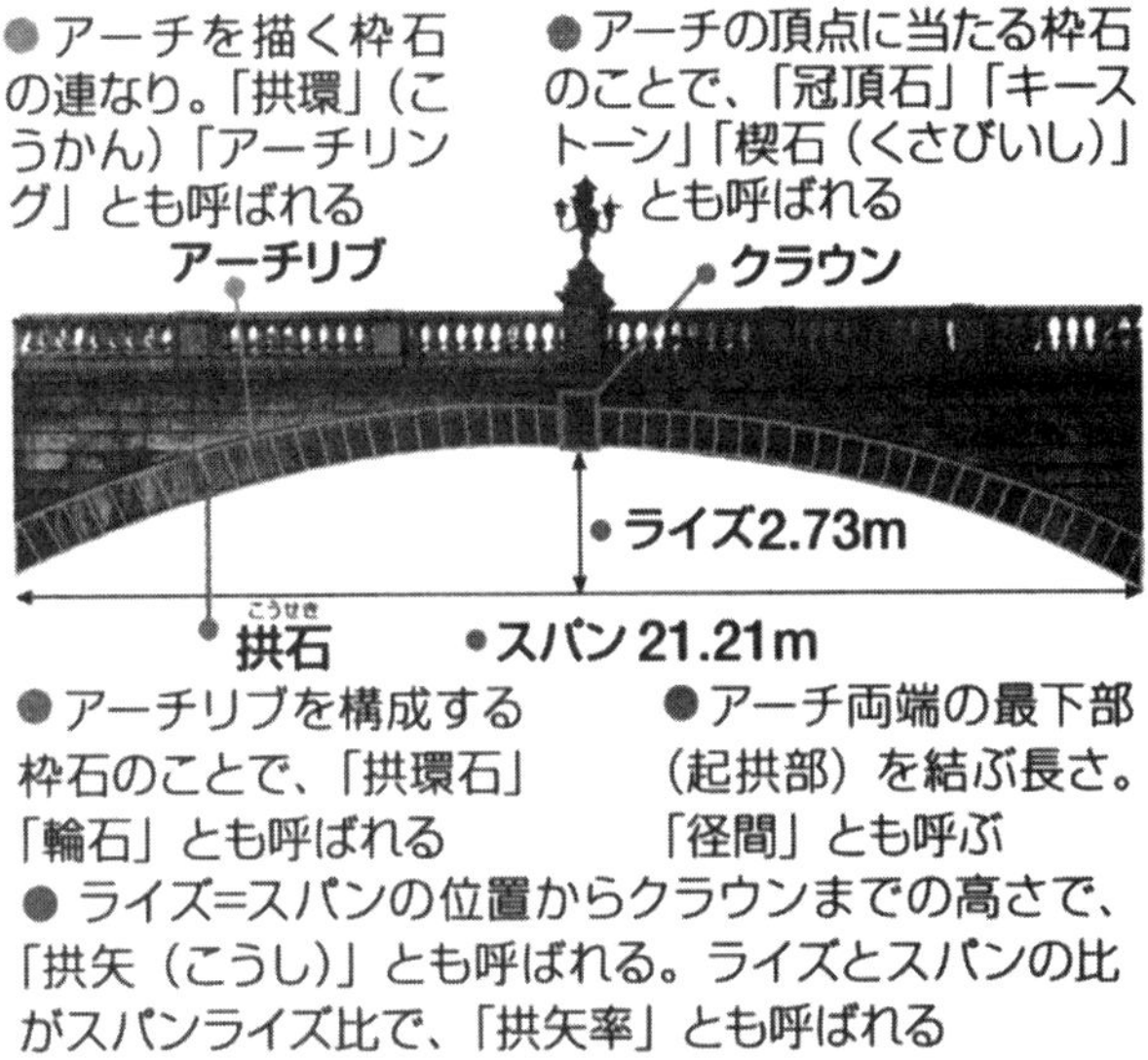
●アーチを描く枠石の連なり。「拱環」（こうかん）「アーチリング」とも呼ばれる
●アーチの頂点に当たる枠石のことで、「冠頂石」「キーストーン」「楔石（くさびいし）」とも呼ばれる
アーチリブ
クラウン
●ライズ2.73m
拱石《こうせき》
●スパン 21.21m
●アーチリブを構成する枠石のことで、「拱環石」「輪石」とも呼ばれる
●アーチ両端の最下部（起拱部）を結ぶ長さ。「径間」とも呼ぶ
●ライズ=スパンの位置からクラウンまでの高さで、「拱矢（こうし）」とも呼ばれる。ライズとスパンの比がスパンライズ比で、「拱矢率」とも呼ばれる

至 上野
日本銀行本店
首都高
三越本店本館
三越新館
1
日本橋
江戸橋JC
東京駅
15
日本橋タカシマヤ
至 品川

アーチ主要寸法

①橋の形式	二径間（二連）石造固定アーチ橋
②橋長	四九・〇九㍍（二七間）
③道路幅員	二七・二七㍍（一五間、うち歩道四・五四五㍍）
④アーチリブ幅	二八・二六㍍（九三尺三寸）
⑤路面縦断線形	１／４放物線
⑥スパン（アーチリブ下縁）	二一・二一㍍（七〇尺）
⑦ライズ（　同　）	二・七三㍍（九尺）
⑧スパンライズ比	七・七七
⑨アーチリブ線形	二次放物線
⑩拱石高さ	クラウン〇・八四八㍍（二尺八寸）、スプリンギング〇・九七（三尺二寸）
⑪石材セグメント数	四八石、横断方向は二三石
⑫標準拱石寸法	アーチ軸線上約〇・四三㍍、幅方向一・二二㍍
⑬目地厚	九ミリメートル（三分）

下部工寸法

①橋台基礎
高さ一・五一五㍍（五尺）、幅一〇・三〇三㍍（三四尺）
長さ二八・一八㍍（九三尺）

②橋台躯体
三・六三六㍍（一二尺）、底面幅九・〇九一㍍（三〇尺）、上面幅五・四八五㍍（一八・一尺）
ただし、橋台高さは起拱線（アーチ下弦線）までの高さでスパンドル部は含まない。

③橋脚木材基礎
高さ〇・九〇九㍍（三尺）、幅八・三三三㍍（二七・五尺）、三七・五一五㍍（一二三・八尺）

④橋脚コンクリート基礎
高さ一・五一五㍍（五尺）、幅五・七五八㍍（一九尺）、長さ三六・六〇六㍍（一二〇・八尺）

⑤橋脚躯体
高さ三・六三六㍍（一二尺）、底面幅四・七二七㍍（五・六尺）、上面幅三・三三三㍍（一一尺）
ただし、橋脚高さは起拱線（アーチ下弦線）までの高さでスパンドルは含まない。

主要材料

①アーチリブ　稲田石

②アーチ下部側壁　真壁小目石

③下部工水中部外面　徳山石

④高欄　北木島石

以上花崗岩

⑤橋台側スパンドル（アーチ拱石と路面敷石の間）

コンクリート　一：四：八

⑥橋脚側スパンドル（アーチ拱石と路面敷石の間）

煉瓦

⑦路面敷石　稲田石

⑧目地　モルタル（一：二）

活荷量

動荷重　一五〇ポンド／平方フィート

明治に入って洋風文化の流入を受け、一八七二（明治五）年五月、日本橋も洋式木橋に架け替えられた。橋材にはけやきを使い、橋面が平面に近いトラス式で、橋中央が乗り合い馬車・人力車が走り、両側が歩行者用で、欄干で車歩道と歩道を分離していた。

その欄干は青く塗られ、洋風の香りをかもし出し、親柱、袖柱は石造、擬宝珠はつけられなかった。ちなみに、当時は左側通行で、銀座から日本橋へ向かう人は、上流側の歩道を歩いた。ただ、車歩道を仕切る欄干は数年で取り払われ、段差が設けられ、親柱にはガス灯がつけられた。

明治も一〇年代に入ると、銀座煉瓦街が誕生した。日本橋が洋式木橋になる三カ月前、和田倉門内の兵部省から火が出て、二千九百二十六戸を焼く大火となる。明治政府は大蔵省に建築局を設けて、お雇いのウォートルス（イギリス人）の提言を受け、京橋以南には煉瓦街とすることとし、その工事が進められた。

一八八二（明治一五）年には、新橋から上野を経て浅草までの鉄道馬車が開通する。鉄路の上を十五、六人乗りの客車を馬に曳かせて走った。

開業当初は車両三十一両、馬二百数十頭を抱えていた。新橋から日本橋までの所用時間は十五分と決められており、人の歩く速度の二倍前後の早さだった。このため、人身事故が起き、馬の糞尿の始末も大変で、所々に清掃夫を配置しなければならなかった。

当時の日本橋の交通量について、郵便報知新聞の調査結果がある。鉄道馬車、乗合馬車、人力車に乗った人を含め、一時間に橋を渡った人は五千三十人。このうち、女性は三十五人に過ぎず、女性の外出が極めて少なかったことを物語っている。

歩行者は二千三百九十四人で、一千八百九十五人が和服、洋服は九十九人、女性の洋服はゼロ、外国人は五人に過ぎなかった。これらから、一日の通行量は六万人超と推定されている。

時代の流れは、鉄道馬車に代わって、電車を求めた。文明開化、鹿鳴館時代を経て、馬の糞尿が不衛生極まりないと悪評を買ったのが一因だった。日清戦争の輸送用軍馬として徴用され、馬そのものの調達が難しくなったことも手伝った。

外務大臣・井上馨が中央官庁街と国会議事堂の設計をイギリス人・コンドルに依頼

した頃、東京府知事・芳川顕正は、東京の市区部の基盤整備に腐心していた。明治になっても、江戸の都市基盤をそのまま引き継いだため、市街の道路幅員は狭く、上下水道などインフラ整備も遅れていた。

また密集市街地では大火がしばしば起こり、都市の不燃化も喫緊の課題だった。芳川の提言で、一八八五（明治一八）年、内務省に市区改正審査会が設置された。「東京市区の営業、衛生、防火及び通運等永久の利便を図る」ことを目的とした都市改造を、「市区改正」と呼んだ。今の「都市計画」にほかならない。

審査会の議論をもとに、一八八八（明治二一）年、「東京市区改正条例」が公布され、事業の実行機関として東京市区改正委員会が設置された。道路の新設、改修、河川開削、橋梁架橋、家屋の洋風化、上水道改良、下水道の疏導、遊園地の設置、商工会議所・市場の開設など、幅広い事業の執行を任され、まさに首都の大改造を目指していた。保守的な元老院が反対したが、内務大臣の山県有朋が、それを抑え込んだ。

江戸時代に架けられた木橋の多くは、そのころまでに、石造橋に掛け替えられていた。その大きな理由は、江戸城の石垣が取り壊され、再利用する石材が比較的豊富だったことによる。

ただ日本橋は、一八七二（明治五）年に掛け替えられたばかりで、掛け替えは尚早とされ、木橋のままだった。市区改正条例の施行によって、日本橋の掛け替えが、ようやく現実味を帯びて来た。

木造の江戸風のままにして保存すべきという意見や、黄金を使って架橋するなど、奇抜なアイデアまで出された。議論百出の中で、「日本橋を東京のシンボルに」という基本線は一致していた。「東京をパリのように」が委員会の合い言葉になっていたこともあって、議論は「ルネッサンス風の石材使用のアーチ橋」へと収斂《しゅうれん》していった。

東京市区改正委員会には、商工会から渋沢栄一、大倉喜八郎、浅野総一郎など錚々《そうそう》たる経済人が参加した。委員会は橋梁技術の専門家として、東京市の技師長・中島鋭治と内務省の河川技術者だった日下部辨二郎の二人に白羽の矢を立てた。

中島は東京帝国大学理工学部土木工学科を卒業、そのまま大学に残り、橋梁工学の助教授となった。助教授時代、自費でアメリカに渡り橋梁工学を学んだ。その後、内務省に入り東京市水道技師を経て、技師長となった。東京はもとより、全国各都市の上下水道事業を指導し、後に「水道の父」と呼ばれた。

日下部も同科を出て、内務省の土木局に入り、北上川、吉野川、利根川の河川改修などに取り組み、中島の後任の技師長となった。「日本橋の改築」が卒論のテーマで、このプロジェクトに最適任だった。

二人とも委員会の臨時委員に任命され、石造の日本橋を実現するために、相次いで欧米へ調査を兼ねた視察に出た。一九〇二（明治三五）年七月に帰国した中島は一〇月に、東京市参事会へ基本設計案を提出、その年のうちに新しい日本橋は石造アーチ橋とし、石材は花崗岩を使用することが決まった。

日露戦争の勃発で、日本橋の架け替え計画は、一時、頓挫するが、一九〇五（明治三八）年九月の戦勝で再び動き出す。戦勝景気に後押しされ、経済活動が活発化し、鉄道馬車会社を衣替えして、路面電車を走らす東京電車鉄道会社が設立されたことも、きっかけの一つだった。

路面電車は、その年の八月に品川―新橋間が開通、さらに、一一月には新橋―上野間が開通し、初めて日本橋を電車が渡った。路面電車は、左右の座席十三人掛けで、一車両の定員は四十二人。一分間隔で百車両が運行された。

路面電車は鉄道馬車とは比べものにならない重量があり、それを支える木造の日本橋は遠からず替えられる運命にあったと言える。一九〇六（明治三九）年の東京市予算で架け替えが認められ、動きが本格化した。

架け替え議論の渦中で、日本橋のデザインについて、妻木頼黄は持論を公にしていた。

「今や東京市は着々市区改正の武歩を進め、家屋の形式も亦漸次洋風となり、若しくは和洋折衷となり、将に旧時の面目を一新せんとす。此時にあたり、ひとり橋梁のみ古僕の形態を存すべけんや。宜しくその規模を宏壮にし、その装飾を華麗にし、これを帝都の偉観と為すべきと共に、江戸名所の一つとして、三百年来の歴史を有する古蹟を回顧せしむるの必要あり。此目的を達せんには、土木家と建築家と、左提右携し、其協力の結果にまたざるべからずなり」

妻木は周辺街区との調和、歴史性の尊重、土木家と建築家の協力の必要性を強調した。東京市は土木、建築家の共同作業による架橋という発想を高く買った。妻木はその辺の事情を、こう書き残している。

「東京市の土木課技師長日下部（辯二郎）氏から相談を持ち掛けられたので、日本一の橋として恥ずかしくないやうな日本趣味を帯びた装飾を施す必要があらう。即ちその装飾に属する部分は専門の建築家に設計を託するのが善からうと注意を与えた処、日下部氏も之に賛成し、而して今回の新日本橋に依って初めて建築家及び美術家が橋梁工事に参与すると云ふ新世紀を画した」

日下部からの求めに応じ、妻木は日本橋の詳細設計、工事監理に当たるべき土木家として、東京市土木課橋梁課長・樺島正義、土木課主任技師・米元晋一の名をあげた。樺島、米元は東京帝大土木工学科の先輩、後輩の間柄だった。

東京大改造の中で、橋梁については、すでに石橋から鉄筋コンクリート橋へという大きな流れが起きつつあった。その渦中で日本橋を石造橋に架け替えるのは、表面的には時代の流れに逆行することでもあった。

それよりなにより、橋の形や構造を検討する段階から、建築家である妻木が参加したのは異例と言えた。それまでは、橋はあくまで土木屋が造るものだったからだ。

樺島ら三人は市街橋の美観は、アメリカよりヨーロッパの方がはるかに優れており、美観上、アーチ型をしのぐものはないとの結論に達した。これは、洋行帰りの技術者の一致した意見でもあった。そして、美観と風格を最優先して詳細設計に当たることにした。

近代日本の橋梁史をたどると、我が国の橋梁技術は鉄道橋の進歩によってもたらされた。言い換えれば、富国強兵策のおかげだった。このため、市街橋の構造体は無骨で、装飾をほどこすという発想に欠けていた。

つけたとしても、土木技師が見よう見まね、あるいは聞きかじりでつけただけで、美観をベースにデザインを考えるという発想はなかった。その意味では、妻木を設計陣に迎えた日本橋は、橋梁の設計思想に新風を巻き起こすものだった。

樺島は詳細設計の経緯を、自伝にこう書き残している。

「日本橋の橋型は、橋が橋だけになかなか決まらない。とにかく同橋は東京一の名橋、そこにある原標は全国的であるので、その型式は甲論乙駁。際限がない。さりとて、之はという案も出ないので、日下部技師長、妻木頼黄博士、米元主任、及僕の四人で合議決定したのが、現在の日本橋である。大体の型式が極まったので、高欄親柱その他の装飾は妻木博士が担当し、橋梁本体は橋梁掛で米元主任と僕とで設計の衝に当たった」

後に詳しく触れるが、いわゆる眼鏡橋は九州に多い。それらに比べ、日本橋の際だった特徴は、諸元にある通り、七・七七というアーチライズ比の大きさだ。九州の多くの石橋のライズは、二・九前後に分布している。五を超えるのは、全国で十四橋しかなく、日本橋は熊本県の東眼鏡橋の九に次いで二番目の大きさだ。

石橋としては異例の扁平型と言える。扁平アーチは橋台や橋脚の変化に敏感で、強度と安全性を確保するために、できるだけ避けたいところだった。

しかし、日本橋は電車軌道も敷かれるため、橋面に傾斜をつけられず、橋下の日本橋川は船が往来するために、広い径間を確保しなければならなかった。また、日本橋ほどの幅員を取った石橋は、世界でもそう多くはない。

石造アーチ橋の歴史をたどると、石工たちの匠の技によって、経験的に架橋技術を進化させたと考えられる。しかし、明治になって西洋の架橋技術が導入され、あらかじめ計算によって強度を確保しながら設計することが可能になった。それが、限界に近いとみられるライズ比による架橋を決断させ、可能になったに違いない。

妻木は意匠設計に当たって、模造紙を四、五枚張り合わせて、そこに高欄のデザインを描いては、庭の物干し竿にかけて眺め、何度も何度も書き直した。図面だけでは満足できずに、粘土をこねて五〇分の一の模型を作って、デザインに心血を注いだ。

妻木は日本橋の装飾デザインに込めた、制作意図について、こう振り返っている。

「我が帝都の現状は未だ市区改正の半途にある、言わば未成品であるから新架橋の様式をして之に調和せしめるのは甚だ困難であるのみか、橋梁それ自身に就いても将来大いに発達すべき帝都の偉観となるよう、又江戸名所三〇〇年来の歴史を有する古蹟を回顧せしめたくもあり、兎に角、日本趣味を以て壮麗典雅の景致を表したいと云う考えで製作したのである」

ここで、工事の手順を理解しやすくするため、最も原理的なアーチ橋の架け方を知っておきたい。

川幅の半分を半径とする円と、輪石の厚みを差し引いた同心円を書く。中心点をもとに三度の角度で線を引き、二本の円周との交わった部分が、輪石の形になる。石材をこの形に削り、半径の短い半円と同じアーチ状の枠組みを木材で組み立てる。これを支保工と呼ぶ（「拱架」あるいは「セントル」とも言う）。輪石をこの支保工のアーチ面に乗せ、支保工を巻くように積んで行く。最後に冠頂石をはめ込み、支保工を取り外す。石のアーチ面は一瞬沈下して、輪石が互いにガッチリと食い込みあって強度を備えたアーチ橋となる。

重厚さをかもしだす石造アーチ橋も、原理的には、極めて単純なのに驚く。

日本橋の施工についての記録は、工事主任を務めた米元晋一によって、「日本橋改築工事報告」として残されている。これによると、一九〇八（明治四一）年九月から、工事が始まり、締め切り段階から八段階の手順で進められた。

日本橋川は船舶の航行が多く、全面的に航行を止めることが不可能だったため、橋台、橋脚部分を個別に締め切り、順次工事に入った。この締め切り工事には九カ月を要した。さらに三カ月間の基礎工事を経て、橋台、橋脚の本格工事に入ったのは一九〇九（明治四二）年九月だった。

翌年の四月から支保工の架設に着手した。アーチ橋の本体になる輪石の積み重ねは、支保工全体を巻き上げるのに、五カ月余を要した。

輪石の間には、九ミリの目地をとりモルタルを充填してつなぎ、迫石とも呼ばれる起拱石と拱石第一層、八、九層、十六、十七層の間には、鉛あるいは鉄板を挿入しただけの空目地とした。これは、アーチ全体を六つに分割し、沈下変形を空目地部分で吸

麒麟像

照明灯

収させる工夫だった。

工事中、合計四十六カ所で沈下量を計測し、それぞれの沈下量が許容範囲であることを確認、最後に空目地をモルタルで充填した。工事には懸垂重量五トンの手巻きクレーンが導入され、工期短縮が図られた。

アーチ面と橋面との空洞部を埋める、中詰め材（スパンドル）の詰め込みや壁面材の積み上げを行い、一九一〇（明治四三）年一一月三日に、技術者、作業員が見守る中で、支保工を支えていたジャッキの引き下げが行われた。アーチ自体の沈下は想定した沈下量より十センチほど少なくて済んだことがわかり、石造二連アーチ橋の架橋が技術的な成功をみた。

唐獅子

高速道路に挟まれた麒麟像

その後、高欄が取り付けられ、アスファルト防水をしたうえで、橋面に敷石が張られ、電車軌道が敷設された。電車への配電線は歩道に埋め込まれ、高欄に装飾像、照明灯が取り付けられ、一九一一（明治四四）年三月二八日にすべての工事が完了したと記録されている。

妻木は高欄の橋台、橋脚部のほかに、アーチクラウン部の三個所に照明柱を立てた。真ん中の橋脚部の中柱の照明灯は巨大で、最下部には、高さ九・一三七メートルの「麒麟像」が置かれ、橋の両端を見渡している。

擬宝珠が飾られた、橋の四隅の親柱の上には、高さ五・三七八メートルの「唐獅子」

の像を配した。アーチクラウン上の照明灯は、高さ二・六八〇メートルのシンプルなものになっている。

「麒麟」は中国に伝わる伝説上の動物。性格は穏やかで殺生を嫌い、神聖な幻の動物とされている。「麒麟現れれば、聖人来たる」といわれ、それにちなんだものだった。

「唐獅子」は、唐から伝わった獅子で、ライオンを想像上で表現したとされる。「百獣の王」として、王の権威を象徴するもの。日本橋を「橋の王様」になぞらえ、威厳をかもし出そうとした。

「擬宝珠」は日本の伝統的建築物の装飾で、神社、仏閣の階段、回廊の欄干や手すりの柱の上に取り付けられている。ネギの花に似ていることから、葱《そう》台とも呼ばれる。橋にかぶせられた冠《かんむり》のように見えるが、装飾性のほか、雨水による柱の腐食を防ぐ実用性もある。


これらの装飾品、照明灯は青銅製。重量感にあふれる欄干と、よくマッチしている。橋上の装飾の製作では、東京美術学校助教授・津田信夫が、妻木のデザインをもとに大きな動きをみせた。装飾柱は美術学校の鋳造工場、獅子・麒麟像は民間の七つの鋳造工場で制作された。これらにかかわった職工は、延べ約一万五千人にのぼった。

日本橋本体には、花崗岩（御影石）が使われた。花崗岩は火成岩の一種で深成岩のため強度にすぐれている。鹿児島・西田橋に使われている、堆積岩の溶結凝灰岩より五倍の強度を持つ。

花崗岩は御影石とも呼ばれ、神社の鳥居、城郭の石垣、道標、三角点標石、墓石などに広く用いられていた。建造物としては、国会議事堂の外壁が代表的だ。

日本橋には、その使用個所に合った特性を持つ御影石が、全国各地から取り寄せられた。橋の要ともなるアーチ部分には、最も強度がある稲田石（茨城）、耐水性があり風化しにくい徳山石（山口）は橋脚、橋台に、文様、色合いに優れる真壁石（茨城）、北木島石（岡山）は人目につきやすい側壁、高欄、装飾台などに使われている。

御影石は、「その部分に最適、最上の石材を」という考えに基づいて選ばれ、調達された。経済効率を考えれば、同一産地の石材でまかなう道を選択するのが一般的だが、日本橋は、贅沢が許された。そんなところにも、架橋に対する、世間の期待の高まりがうかがえる。

二連アーチ橋を横から見て両端の橋台側に二つ、アーチ両頂点と橋脚上に空洞が出来る。そこに中詰材を詰めて、橋面を水平にしなければならない。中詰め材としては、両橋台側に無筋コンクリート、橋脚上の部分にレンガを使っている。

日本橋には電車軌道が敷設されるため、両端部分は道路部分と同じコンクリートを使い、電車が渡る際の衝撃を緩和させるのが役目だった。橋に差し掛かっても、乗客に異常な揺れを感じさせないようにするための知恵だった。

橋脚上をレンガにしたのは、「個体が接合されて塊となって働く剛性のあるもの」という力学的な要請を踏まえながら、工事コストを勘案した結果だった。当時、コンクリートに比べレンガを積んだ方が安上がりで、調達も用意だった。石材で贅沢、中詰め材で節約とバランスを取った形になった。

重厚な日本橋を橋詰めから眺めて、この橋に木材が使われているとは思えない。しかし、意外なことに、橋脚の基礎に松材が使われている。橋脚の最下層に約三十チセン の無筋コンクリートを打ち、その上に三十チセン角の生松材を三層に、井桁に組んで台座にして、その上にさらに約一・五トメル の無筋コンクリートで固めている。

技術的には、こうした橋脚の基礎は、「筏基礎《いかだ》」と呼ばれ、十八世紀から十九世紀にイギリスで架けられた、多くの石造アーチに使われている。その利点は、多連アーチの橋脚の基礎は堅牢すぎると、不等沈下などで石造部に直接負担がかかってしまうため、弾力的な木材を使って、それを軽減されることだった。

橋脚下の地盤が砂礫層であること、日本が地震国であることをも考慮した〝柔構造〟とも言える。いずれにせよ、日本橋が「筏に乗っている」と思いつつ眺めてみると、不思議な感覚にとらわれる。

日本橋は約三年で完成したが、その裏には、施工業者や石工など職人達の腕と熱意があった。第三期工事にあたる、橋台、橋脚の築造、アーチ構造と上部構造の一部の主要な石材工事は、中野喜三郎が率いた、「中野組」が請け負った。

橋名板（筆・徳川慶喜）

中野は香川・小豆島に近い豊島の生まれ。一八八五（明治一八）年に上京して、「中野組」を興した。一八九九（明治三二）年には茨城・笠間市稲田で稲田石の生産のために、石材部門を作った。中野組は日本橋の後、国会議事堂も手がけている。

第一期の仮設工事は、神奈川・真鶴で石材店を営み、国会議員を勤めたこともあった土屋大次郎、第二期工事の橋台、橋脚の基礎は、鈴木由三郎の手による。鈴木は一八九二（明治二五）年に当時の新埋め立て地の月島まで、渡船を運航させていた。

施工業者もその得意分野を考慮し、各地から選りすぐりを集めた。工事機材としては、杭打ち機、クレーン、ジャッキを導入、作業員数の圧縮、工事期間の短縮に役立った。

それでも、本体架橋にかかわった職人は、石工四万四百十九、大工八千七百十、煉瓦職人三百二十七、鳶職五千七百九十五、鍛冶工四百五十五人にのぼった。それぞれの手伝い人夫、火夫、雑職工を合わせると、延べ九万五千二百五の職人、人夫がかかわったと記録にある。

石造アーチ橋の築橋に、石材の加工が最も重要な工程であることは言うまでもない。ヨーロッパの石橋や九州地方の石橋には、比較的柔らかく加工がし易い大理石、凝灰岩が使われているが、日本橋に使われた花崗岩は緻密で堅い。

石工には高い技量が必要で、全国からベテラン石工が集められ、特別給が支給された。多くの石工は、鍛冶の技術も持ち、石を削る道具の修理なども自前でやった。

作業場も三十間町、深川区東扇橋町、麹町区有楽町二丁目、向島寺島村（いずれも当時の町名）の四カ所に設けられた。アーチ下面、高欄は格別に入念な仕上げが要求され、石工の腕のふるい所だった。

総工事費は五十一万一千八百二十八円。石材の使用量だけでも、橋台、橋脚、拱に使われた稲田産花崗岩四万一千四百五切（一切は一立方尺）、拱用の徳山産花崗岩二万八千九百七十三切、拱側壁、翼壁の加波山産花崗岩一万一千八百二十六切、高欄、装飾台の北木島産花崗岩九千百十九切の、総計九万一千三百二十三切に達した。

これらの花崗岩の採掘場での引き渡し価格は、当時は一切一円、平成では約七千円とされる。その他の経費を物価、人件費の上昇率を勘案して算定すると、新たに日本橋を築橋するとすれば、総工費は約七十億円は下らないと推計されている。

日本橋のデザインについて、一般的にはルネッサンス様式と解説されている。しかし、工事主任の米元は「純然たる西洋趣味も採らず西洋美術の骨格に日本趣味の筋肉を取合わせたるもの」（「新日本橋の架換」、「日本橋記念誌」・明治四四年）と書き残しており、そう単純なデザインではない。

側面から見た日本橋を、建築評論家の長谷川堯は、毎日出版文化賞を受賞した著書「都市廻廊」(中央公論社)でこう表現している。

「巨大な石の鳥がゆったりと羽を広げて大地に降り立つ瞬間のような姿……一つの橋脚を中心に浅い弧を描いて飛んだアーチが優雅であり、ルネッサンス式とはいうが、橋台や起拱線部はネオバロックとも見え流麗である」

アーチ部分、高欄はルネッサンス様式、照明柱はバロック様式、袖柱の擬宝珠、親柱の唐獅子、麒麟は日本様式で、当時流行していた西洋式歴史主義建築の流れを昇華させた、和洋折衷様式のデザインというのが、すべてを満たす表現と言えそうだ。

完成直後には、こうした和洋折衷の妙は、むしろ不評を買った。そのわけが、辰野との、二十年に及ぶ確執がもたらしたものだったことは、第一部でふれた。

佐藤早大教授が「橋の裏側に無駄が多い」と評したが、妻木が道路面を起点に橋をデザインしたのではなく、日本橋側の川面からイメージしたせいでもある。橋梁を川面からの視覚的調和を最優先した空間的構築物と捉えてデザインしたところに、斬新性があった。

周辺には建築洋風化の波に乗って、和洋折衷の建物が多くなり、日本橋のデザインもそれに調和させる必要はあった。それでも、妻木は日本橋の歴史性を残すことを忘れなかった。妻木の頭の中にあったものは、今で言う「地域環境デザイン」の実践と表されてもよい。

　橋の美しさを演出するために、そのプロポーションに黄金比（一対一・六一八）を取り入れる手法がある。一般的に三径間の桁橋では、径間比が一対一・二）が構造的に最も合理的で、美的であるとされる（一・二は一・六の近似値）。

　明石海峡大橋はプロポーション的には、八個の黄金比矩形をつなげて架けられている。二本の斜張塔の高さとその間の橋桁を四分割した長さは黄金比率になり、斜張塔間は四個の黄金比矩形をつなげたものとなっている。

　しかも、斜張ワイヤーの最下点までは、二個の黄金比矩形の並びになっている。あの大橋梁の美しさを演出しているのが、まさに黄金比であることの好例だ。

　日本橋にも黄金比が隠されている。獅子像が立っている橋台から橋脚までの水平距離と、橋脚基部から麒麟の像のある照明柱の最上部までの鉛直距離の比が、一対六一八となっている。また、麒麟像、獅子像、アーチ頂頭上の橋灯の高欄から上の高さは、一〇・〇メートル、六・三メートル、三・三メートルと一・六一八対一対〇・六一八の近似値になっている。平面的にも、両岸の橋台間の路面長方形の長辺と短辺の比は、黄金比を成している。

長谷川は「都市廻廊」の中で、妻木の意図について推理し、好意を寄せている。「妻木はこの橋の総合的なデザインを、人や電車が快活に通りぬける橋の表面（道路面）から構想したのではなく、実はひそかに日本橋川の河面からイメージして、その視覚的基盤から橋を一つの巨大な空間的構築物として発想して、それに関するすべての『意匠』を決定しようとしていたのではないか……」と。佐藤功一が指摘する『橋の裏側の方』に高価な花崗岩を全面的に使ったのも、決して『溝の中へ金を投げ』捨てることではなかったことになる。

長谷川はさらに、妻木の建築思想について、「明治社会の官僚機構の真中に居て成功しながら、実はひそかに明治という時代と文明を無意識にあるいはかくれた意識において憎み続けていた」と踏み込んで分析している。それをもたらしたものは、江戸の旗本として長崎奉行まで勤めた高級武士が父という出自だったとみる。

「妻木が工部大学に入学した翌年に、辰野金吾が第一回卒業生として卒業したが、首席卒業の辰野が唐津藩士の子息だったのをはじめ、辰野グループの多くが、地方出身の〝田舎者〟だった。彼らへの侮蔑の気持ちが、妻木を卒業せずにアメリカ留学へ駆り立てた。後に起きた国会議事堂の設計をめぐる、辰野と妻木の確執は、この時すでに芽生えていた」

長谷川は、妻木の胸の内をこう喝破している。

開通から十二年後の一九二三（大正一二）年九月一日午前一一時五十八分三十二秒、相模湾を震源とする大地震が首都を襲った。関東大震災である。マグニチュード七・九、東京、神奈川、千葉、山梨、茨城、埼玉、静岡までの広範囲に甚大な被害をもたらした。

記録によると、死者・行方不明者は十四万二千八百人、重軽傷者・十万三千七百三十三人、避難者数一千九百九十万人、全壊家屋十二万八千二百六十六戸、半壊家屋十二万六千二百三十三戸、焼失家屋四十四万七千百二十八戸（全半壊後の焼失も含む）、津波による流失など家屋被害八百六十八戸とある。ただし、近年の調査、研究の結果、死者・行方不明者は十万五千人余りという説が定着している。

地震の発生が昼食の時間帯と重なったことから、実に百三十六件の火災が起きた。

この日は能登半島沖に台風があり、関東全域に吹いていた強風にあおられ、火勢は一気に広がった。とくに、東京・本所の陸軍被服廠跡《ひふくしょうあと》の空き地では、避難してきた約三万八千人が、火炎で起きた竜巻により焼死した。すべての火災が鎮火するまで、二日かかったといわれる。

東京市内の建造物では、建設中だった丸の内の内外ビルディングが崩壊し作業員三百人が圧死した。また、大蔵、文部、内務、外務省、警視庁など官公庁の建物や、帝国劇場、三越日本橋本店などが焼失した。

震源に近かった横浜市ではグランドホテルなど煉瓦造りの洋館が多かったため、瞬時に倒壊、多くの圧死者が出た。工場・会社事務所も九〇％近くが焼失した。千葉・房総地域での被害も激しく、なかでも北条町では銀行二店が残った以外は郡役所・停車場等を含む全ての建物が全壊、測候所と旅館が亀裂の中に陥没するなど壊滅的な被害を出した。

太平洋沿岸の相模湾沿岸、房総半島沿岸部には十㍍を超える津波が襲った。神奈川県の山間部では山崩れや崖崩れ、それに伴う土石流による家屋の流失・埋没の被害が起きた。根府川村（現・小田原市）の根府川駅では、通りかかっていた列車が駅舎・

ホームもろとも土石流により海中に転落し、百人以上の死者を出し、その後に発生した別の土石流で村の大半が埋没した。

日本橋は高欄の御影石が一部剥落して落下し、橋脚上のブロンズ製の照明支柱一本が、首の部分で折れたほか、本体はほとんど無傷だった。地震による日本橋区の火災は本石町、本町を火元に起き、午後二時には四方に燃え広がった。午後六時ごろには火勢は日本橋まで到達し、翌日の午前零時ごろには区全域に延焼した。

橋の下の日本橋川では、川に係留されていた船や、船上生活者の家財道具が焼け、日本橋はその炎で上流側の橋脚部の新橋寄りのアーチ側面部分が黒く焼けただれた。しかし、被害は軽微なもので、「日本橋はびくともしなかった」と言っていいだろう。

石造アーチ橋はシンプルな構造でありながら、とてつもない堅牢さを備える。一般的にアーチ構造は、紀元前五世紀ころに、北部イタリアに都市国家を築き、後にローマ人と同化していった、エトルリア人によって発見されたと説明される。その大きな理由は、ローマ帝国の前に文明を制したギリシャ帝国に、アーチ式の建造物があまり多くないことにある。

しかし、最古のアーチ構造は、紀元前四〇〇〇年ころのメソポタミア地方の遺跡から発掘されている。チグリス川とユーフラテス川に挟まれた、現在のイランに当たるメソポタミアの地では、シュメール人が世界四大文明の一つを生んだ。

彼らが手に出来た建設資材は、砂を水で練って天日で乾かした、いわゆる日干しレンガだった。建物の入り口や天井に、それをアーチ式に積んだ。そのアーチ構造は、固定した両側から圧縮力が働き、より大きな荷重に耐えられるのだが、経験知としてそれを会得したに違いない。そのきっかけが何だったかまでは、今のところわかっていない。

日干しレンガの代わりに、切石が使われるようになり、石造アーチ橋に進化して行ったようだ。記録に残る最古の石造のアーチ橋は、メソポタミアで架けられていた。そこを流れるユーフラテス川とは、「立派な橋が架かった川」という意味だが、その傍証とも言えそうだ。

文明の伝播の歴史から、それがエジプトを経てエトルリア人へと引き継がれたのではないかという推察が可能だ。ギリシャ帝国でアーチ構造が使われなかったのは、柱や梁、桁に使える巨大な石材が豊富だったから、あえてレンガや切石を使う必要に迫られなかったと言われる。

古代ローマ時代は、紀元前七五三年から紀元四七六年まで続き、ローマ帝国として、ローマ人が覇権を握った。アーチ式石橋の歴史に限ると、ローマ時代のとりわけ紀元前三世紀以降が輝かしい光彩を放っている。帝国の最盛期にローマの中心を流れるテベレ川に架けられた橋は十指にのぼった。そのうち六橋は現存し、四橋は今でも車が通行出来ている。

テェスティオ橋が架けられたのは、紀元前四三年だった。その一九年後に、マルケルス劇場の裏手から、ティベリナ島に渡るファブリキウス橋が架けられた。この橋は、別名マーキュリー橋とも呼ばれている。

橋の長さは一一二㍍、幅五・八㍍、両側に一段高くなった幅五〇㌢ほどの歩道がある。二千年近く前に架けられた橋が今も使われ、その上を自動車が走っている光景は、驚嘆するほかない。

アーチ橋以上に、ローマ人のアーチ技術の高さを示すものとして、水道橋がある。ローマ時代最初の水道は、アッピア水道だが、紀元前三一二年に戸口監察官アッピア・クラウディウスによって引かれ、アッピアは「公共事業の父」とあがめられた。その後、四百年の間に十本の水道が引かれ、ローマは近代都市に劣らぬような水道設備を備えた。

その上水の配水に使われたのが水道橋で、石造アーチ橋と構造は同じだ。現存する古代水道橋の代表格は、ポン・デュ・ガールとされる。ローマが植民地として手にした、南フランスのニーム郊外のガール川を渡って架けられた。

水路の総延長は五十キロに及ぶが、水道橋の長さは百四十二メートル。石造アーチを三段に重ね、最上段までの高さは二十二メートルある。紀元前一九年に着工し、翌年には完成した。石材は花崗岩で、最大六トンもある巨大な石材が、接合材を使わずに積まれて構築され、今に残っている。

ローマ市郊外には、クラウディウスの水道橋が残っている。水道の総延長は七十二キロ、そのうち十四キロがアーチ式の石造水道橋だ。着工から十四年かかって、紀元五二年に完成した。

水道橋は最上部に送水用の水路が設けられている。水路は同一勾配をつけなければならず、水路が長くなればなるほど、部分的には高さを確保しなければならない。水道橋が高くそびえたり、重層化されたりしているのはそのせいでもある。

日本の古代史に当てはめると、ローマの石橋や水道橋の築造最盛期は、稲作文化が始まった弥生時代にあたる。それを知っただけでも、ローマ人が卓越した橋梁技術を持っていたことにあらためて驚かされる。

古代ローマの石造アーチ橋の架橋目的が、水道を引くことと川を渡ることにあったことは言うまでもない。それに加えて、軍事上の必要性と戦勝を示威することも大きな目的でもあった。

ユーゴスラビアとイタリア国境近くのダニューブ川に架かる、皇帝の名を冠した「トラヤヌス帝の橋」は長さ九百㍍、高さ四十五㍍、石積の橋脚が二十基という大型だ。スペインのタホ川に架かる「アルカンタラ橋」は、長さ百九十四㍍の六連橋。橋面から水面までの高さ七十㍍、橋の中央に凱旋門が立つ。

この二橋は、ローマ帝国の戦勝を示威する橋の代表格とされている。

ローマ帝国時代のアーチ橋の大半は、半円形のものだ。半円形のアーチ橋では中央部の荷重が最小で、橋脚部で最大になる。大きな川の流水力に対する抵抗力を強めるためには、半円形が最も適していることを知ってのことだった。

最も荷重がかかる橋台、橋脚の構築には堅牢さが求められ、その土台の強度が圧力を受け切れないと、アーチは崩壊する。土台の構築法は大きく三つに別けられる。

川底が堅ければ、砕石を積み上げるか、柳の枝を編んだ蛇篭に砕石くずを詰めて沈める。囲堤を使う場合は、二列の杭を約九十㌢間隔で打ち込み、互いの杭を支えるために、水平の梁をはめ込み、土砂を掘り下げ粘土を詰めて突き固め、水の漏らない壁を作り、コンクリートを流し込んで固め、その上に橋台を乗せた。

河床の地盤が柔らかい場合は、河床を掘り浚った後、オリーブの木か焼いた樫の木を、細かい間隔で打ち込み、隙間に木炭を詰めて強度を持たせた。ローマ人はこの杭打ち工法で土台の支持力を満たす技術を身につけていた。

橋台の間に木製の支保工を組み、そこに石材を巻くように積んでアーチを作る。支保工は橋幅いっぱいに組むのではなく、一本のアーチを巻いた後、横に移動して再利用してアーチを巻いて橋幅を広め、隣り合ったアーチ石は、鉛を内張した鉄製の締金で締め付けて強度を強めた。

部材をつなぎ合わせるために、ローマやナポリの火山土の層から採取した土に石灰と水を混ぜて練り合わせたセメントを使っている。こうした工法の基本は、現在にも生かされており、石造アーチ橋の築橋技術の原理は、ローマ時代にすでに完成されていたと言っていい。

世界史では、西ローマ帝国が滅亡した四七六年から一五世紀までを中世と呼ぶ。ギリシャ・ローマ人に代わって、ゲルマン民族が西ヨーロッパを制し、文化的には「ローマ風な」を意味するロマネスク文化から、ゴシック文化へと引き継がれた。

そして、中世末期にルネサンスが花開く。橋梁に限ってみると、中世初期には、木橋に比べ石造橋の架橋例は少なく、アーチ構造は寺院など建築物の開口部に取り入れられた。フランス・パリのノートルダム寺院はその代表的なものだ。

「暗黒時代」とも称される中世に、石工の技と、大量の石材と手間を必要とする石造橋の架橋が敬遠された可能性が大きい。石造橋が再び架橋され始めたのは十二世紀になってからだった。中世末期から近世にかけて、文化の潮流となったルネサンスの萌芽と関係していたのかもしれない。

この時代のアーチ石造橋の特徴は、アーチの頂点部分が尖った尖塔形をしていることだ。フランス中部に架けられた石橋の大半がこの尖塔橋で、尖塔アーチの石橋群と呼ばれている。

東洋に目を移すと、中国に現存する最古の石造アーチ橋とされる「安済橋」がある。河北省の省都・石家荘の東南約五十キロの洨河に架けられている。別名で「趙洲橋」「大石橋」と呼ばれることもある。

長さ約五十メートル、幅九・八二メートル、径間約三十七メートル、アーチライズ七・二三メートルの扁平なアーチ橋だ。橋下の船の往来の支障を避け、水陸の交通を確保する構造になっている。隋代の大業年間（六〇五〜六一八）の初め、石工・李春、李通らによって架けられた。年代的にはヨーロッパでは、中世の初頭、日本では飛鳥時代にあたる。

この径間は完成後七三〇年余りは世界最長、アーチライズは九五〇年後に、イタリア・フィレンツェのサンタ・トリニタ橋が架けられるまで世界最大で、最もフラットなアーチ橋だった。石造アーチ橋では、すでに述べたように、アーチライズが大きいほど技術的に難しく、李春らの築橋技術の高さを物語っている。

アーチは、二十八枚の薄く、細長いリブアーチと呼ばれるアーチ石が横に並べて巻かれている。これは、いったん細いアーチの支保工を設けてリブアーチを巻いて、細いアーチを作り、支保工を順次横に移動してリブアーチを巻く作業を繰り返して、施工したことをうかがわせる。

支保工用の木材が少なくて済むと同時に、人力だけで大構造物を作り上げるための工夫だった。細いアーチを横に並べるのは、一枚のアーチが壊れても、隣のアーチに影響を及ぼさないためでもあった。

リブアーチ同士を二個の鉄の楔（くさび）で、アーチ全体を細長い鉄棒で繋いで強度を持たせている。アーチを密着させるため、アーチの上に、幅の広い護拱石と呼ぶ石板を載せている。アーチ石を楔で繋ぐ手法はヨーロッパのアーチ橋には見られず、シルクロードを経由して中国に伝えられたアーチ技術が、独自の進化を遂げ、本家を追い越した証しとも言える。

さらに、アーチの両肩に、それぞれ二つの小アーチを抱え、横から見ると大小五つの穴が開いている。これは、空腹式とも称される構造で、自重と洪水時の水流圧を減らし、デザイン的な美観も持たせている。ヨーロッパで両肩に小アーチを持つアーチ橋が架けられたのは一八〇〇年代になってからで、橋梁力学、施工法、美観上の合理性などを総合して、安済橋はヨーロッパの石造アーチ橋と比べ、一世紀は先を行くものだった。

この橋で特筆されるのは、橋に「仙跡」と呼ばれる印を入れ、重量の重い車がそれより外側の両端を通ることを禁じ、また最も大きな力を受ける部分を示すため、橋側面に手形の印を入れていることだ。手形は橋に変形が起こった時は、この部分を補強すれば耐力を回復できることを示している。

扁平な石造アーチ橋の弱点も踏まえて、安全度を高め、修理のための手順を残す工夫もされている。こうした面からも、安済橋は当時、世界最高の技術の粋が込められた石造橋である。

こうした高水準の架橋技術は、「営造法式」「清官式石橋雔《こ》法」などの技術書によって今に伝えられている。中国の道路橋の七〇%が石造アーチ橋といわれるが、長い歴史の積み重ねがあってのことだ。

日本では古来、石造アーチ橋を「眼鏡橋《めがねばし》」と呼んで来た。それは、橋下の川面に半円のアーチが二つ並んで映ると、眼鏡のように見えることからだった。単一のアーチ橋でもそう呼び、時代によっては「目鑑橋」とも表記され、所によっては「車橋」「太鼓橋」、やや文学的に「虹橋」と呼ばれる。

徳川幕府による鎖国時代、外国との交流の窓口は、唯一、長崎の出島しかなかった。長崎市のほぼ真ん中を流れる中島川に、下流から袋町橋、眼鏡橋、魚市橋、東新橋、芋原橋、一覧橋、古町橋、編笠橋、大井手橋、高麗橋、阿弥陀橋という十一の石造アーチ橋が架かっている。

橋に名前がつけられたのは、明治になってからで、それまでは阿弥陀橋を第一橋として、下流に向かって番号で呼ばれていた。中島川の支流（上流）には、桃渓橋、大手橋、中川橋、一ノ瀬橋もある。

これらの石橋群は異国情緒の豊かな長崎に、格別な風情をかもし、またとない観光資源になっている。そればかりでなく、九州を中心に全国で六百を超える、石造アーチ橋の聖地であり、とくに、十番橋の「眼鏡橋」は日本で初めて架けられたという意味で、我が国の石造アーチ橋のルーツでもある。

橋の長さは二三㍍、幅四・七㍍、径間八・三㍍、川面までの高さ五・四六㍍。一六三四（寛永一一）年に興福寺の二代目住職で唐僧・黙子《もくす》如定《にょじょう》の手によって架けられた。一六四九（慶安二）年の洪水で損壊するが修復され、以後度重なる水害に耐えてきて、一九六〇（昭和三五）年に国の重要文化財に指定された。

長崎・眼鏡橋

一九八二（昭和五七）年の長崎大水害で他の橋も含め半壊した。修復時に江戸期のものとみられる階段跡が出土したため、翌年、階段も含めて復元され、歩行者専用橋となった。

今では訪れる観光客が記念写真を撮るための、またとないポイントの一つとして賑わっている。しかし、この眼鏡橋こそが日本の石造アーチ橋の起源であり、その後の築橋技術の手本でもあったことを知る人は多くはない。

長崎の「眼鏡橋」が唐僧の手で架橋されたことが示すように、日本の石橋は中国伝来の技と考えられる。これには、異説をめぐる興味深いエピソードがあるが、その詳細は後に譲る。

如定によって眼鏡橋が架けられる前は、屋根がついた「屋形橋」と呼ばれる木造橋がかかっていた。屋根付きだったことから、もともと歩行者用の橋だったのだろう。木造だったため、それまでは洪水によって何度も流された。

眼鏡橋の欄干には擬宝珠がつけられ、格別に重要な橋だったことをうかがわせる。正面から見ると左右対称に見えるが、実は一〇度程ゆがんでいる。これは橋を渡る街並みが、中島川と約一〇度の角度で交差していたため、街並みの軸線に沿って架けたことによる。

このため、上空から橋面を見ると、長方形よりは、わずかに菱形状になっている。また、アーチも南側の方がやや小さい。当然ながら高度な架橋技術があったからこそなし得たことだった。

もっとも、唐僧・如定が眼鏡橋を架ける約一五〇年前の室町時代前期には、沖縄にはアーチ工法が伝えられていた。沖縄に現存する最古の石造アーチ橋は、那覇市の首里城下の円鑑池《えんかんち》にある、弁財天堂への参拝のために架けられた天女橋だ。

円鑑池がつくられたのが一五〇二（文亀二）年だから、橋もそれに合わせて架けられたはずだ。長崎・眼鏡橋から一世紀以上もさかのぼる琉球王国の時代だったが、その築橋技術が日本本土へ伝播することはなかった。

眼鏡橋の架橋後、長崎では石造アーチ橋の架橋がブームのようになったが、眼鏡橋を皮切りに、大手橋（西山川、一六五〇年）、南石橋（玉帯川、一六五一年）の三橋は、如定など唐人の手によるものだった。大手橋は明からの渡来人で、貿易商として財を成し、唐通事（通訳）も兼ねていた高一覧、南石橋は渡来した元国守・源利亜が架橋した。

高一覧は後年、一覧橋（一六五七年）も架けている。一覧橋は一九八二（昭和五七）年七月二三日の長崎大水害で流出したが、橋畔には「南無度人師菩薩」という黄檗宗の経文の結びが刻まれた石碑が立てられていた。

長崎の石造アーチ橋には、それぞれエピソードが語り継がれている。一ノ瀬橋は長崎を去って行く人々を見送る橋で、夏になると蛍の名所でもあった。近くに蛍茶屋と呼ばれる茶屋があって、別れを惜しむ人々で賑わったという。

桃渓橋（一六七九年）は「卜意橋」とも呼ばれる。僧・卜意がかつて自分の犯した罪を償うため、寄進を集めて架橋したといわれる。架橋当時は、橋畔に地蔵像が建てられていたが、現在は近くの光雲寺境内に移されている。

阿弥陀橋（一六九〇年）が架けられた頃、飢饉や度重なる火事など、それまでの騒然とした世情がやっと収まりつつあった。豪商・園山善爾がさらなる仏の加護を祈って、蓄財を投げ出して架けたという。橋の近くに刑場があり、そこへ引き立てられる罪人が渡るため、念仏にあやかって、「阿弥陀橋」と命名された。

古町橋（一六九七年）は貿易商・河村嘉兵衛の母・妙子が私費を投じて架けたという。一族の家運に感謝し、人々の役に立ちたいと架橋を思い立った。

この橋には、飢饉や大火に打ちひしがれた長崎商人をふるい立たせるねらいも込められたと伝えられている。これを知って橋を眺めてみると、他の眼鏡橋と比べて女性的な優美さを感じる。

映画「長崎ぶらぶら節」で名を売った大井手橋（一六九八年）、編笠橋（一六九九年）とも、豪商が私財を投げ打って架けた。二橋ともアーチを造る輪石そのものが薄く、アーチも扁平で、スマートなアーチ橋で優美さを誇ったが、いずれも長崎大水害で流失した。編笠橋の橋名は遊廓へ向かう人々が、編み笠で顔を隠して渡ったことから名付けられたという。

キリスト教の高位聖職者は、ラテン語で「ポンティフェックス」という称号で呼ばれるが、この語源は「橋を作る人」「橋の棟梁」だ。古代人が湿地や湖沼近くで杭上生活をしていた頃、陸と住居を結ぶ橋は生活と切っても切れないものだった。それを作る人は尊敬され、それが聖職者の称号に転じたらしい。ローマ時代にアーチ橋の架橋や管理に当たったのは、聖職者集団だったといわれる。

中国でも、道路の開削や架橋、治水など公共施設の整備は僧侶が担った。公共に奉仕することが死後に報われるという考えからだった。こうした思想と実践は、中国への留学僧に受け継がれた。

行基は全国各地で治水事業を進めたが、僧侶は宗教家であると同時に、技術者でもあり、架橋や治水工事を通じて、公共の福利をもたらした。長崎の眼鏡橋や桃渓橋が渡来の僧によって架橋されたのには、そんなわけがあった。

また、長崎は江戸時代の唯一の海外貿易が許された地とあって、多くの貿易商が財を成した。現世に感謝し、来世の至福を願って、その蓄財を架橋という公共事業に投じたという。

中国僧がもたらした架橋技術の集積、貿易商の財力と信仰心が長崎を石造りアーチ橋の発祥の地に押し上げた。それが、石材の豊富な九州一帯に広がり、日本の石橋文化を作り上げていった。

現存するアーチ橋のうち、江戸時代末期から明治時代の末までに架橋されたものを、九州・沖縄の各県別にみると熊本が約百五十橋で最も多い。次いで、鹿児島が約七十橋、大分の約五十橋、長崎が約三十五橋、福岡が約二十五橋、沖縄が約十橋、宮崎が六橋、佐賀が五橋となっている。

明治末期から昭和にかけて架けられたものを含めると、九州・沖縄のアーチ橋は六百橋ほどになる。これに引きかえ、九州・沖縄以外のアーチ橋は三十橋前後に過ぎない。琉球王国に伝わった築橋技術が、どこにも伝播しなかったことを考え合わせると、長崎を経由して広まった石造アーチ橋は、九州特有の文化遺産と言っても過言ではない。

古来、九州・沖縄地方は台風の通り道で、洪水による木造橋の流失がたびたび起きた。長崎に伝わったアーチ橋の堅牢さに目をつけた九州各藩が、台風被害による橋の流失を防ぐために導入を図ったのが、アーチ橋が九州特有の文化になった、最大の要因だったろう。それに加え、九州には阿蘇火山によってもたらされた、石材が豊富だったこともある。

橋畔にたたずんで、「眼鏡橋」（石造アーチ橋）を見上げる時、重厚さと堅牢さが迫ってくる。しかも、自然石を積み上げただけの構造で、長い風雪に耐え、荷重を支え続けていると知れば、不可思議な思いにとらわれる。アーチが扁平になればなるほど、かもし出すのは、危うい美しさだ。

そして、アーチ状木枠の上に石材を並べた後、木枠を外し石組みを食い込ませるという工法が、力学理論によって継承された技術ではなく、少なくとも明治初期までは、石工の技によって受け継がれたものであることを知ると、眼鏡橋についての興味は尽きない。

九州に石材が豊富だったにしても、それを生かす技術がなければ、アーチ橋の架橋は不可能だったことは、言うまでもない。その技を会得して、伝承したのが熊本県八代郡種山手永（現・東陽村）の石工集団だった。

当時の肥後藩がこうした石工達の技術を高く評価し、アーチ橋の架橋を奨励したのが、九州でも熊本県がアーチ橋の最多を数えることにつながった。そして、石工たちは「種山石工」として名声をさずかっていった。

唐僧によって長崎に移入されたアーチ橋の築橋技術が、九州一円に広まったというのは定説だが、「ポルトガル伝来説」もあった。定説を辿る前に、この異説について触れてみよう。

「初期の長崎代官だった末次平蔵の一族がアーチ橋の建築技術を代々、秘伝として伝えてきた。この技術はポルトガル人から教わった円周率をもとに、アーチを組み上げるもので、奉行に仕えた肥後藩の石工がそのノウハウを盗み出し、故郷の山中でごく小さな橋をかけて習熟し、肥後藩に広めて行った」

これを唱えたのは、石橋研究家・山口祐造だった。この異説は、「種山石工」の興りとしても語られることがある。

現在、国の重要文化財に指定されている石造アーチ橋は、長崎・眼鏡橋、諫早・眼鏡橋、平戸・幸橋（以上長崎県）、矢部・通潤橋、砥用・霊台橋（以上熊本県）、早鐘・明鏡橋（福岡県）、東京・日本橋の七橋を数える。山口については、その一つで、諫早市内を貫流する本明川に架かっていた諫早・眼鏡橋を抜きにしては語れない。

本明川は国の一級河川の中では、源流から橘湾までの長さが一番短いうえ、高低差が一番大きく、川幅も狭かった。さらに、「台風の銀座」といわれる地域にあり、古来たびたび氾濫した。

江戸期の一八〇三（享和三）年、一八〇八（文化五）年、一八一〇（同七）年と頻発した際は、本明川に架かっていた橋はすべて流され、以来、三十年間にわたり諫早領民は多大な苦難を強いられた。諫早を領内にもつ佐賀藩が、他藩への面子から、石造アーチ橋の築橋に乗り出し、一八三九（天保一〇）年二月に、二連アーチ橋の完成をみた。

長さ四九・二五㍍、幅五・五㍍、一つのアーチスパンは一七・三五㍍の二連橋だ。石積や欄干は長崎型で、中国・宋代の築橋技術が使われ、実際の工事には、長崎の眼鏡橋の築橋にかかわった中国人技術者がかかわったとみられる。

一九五七（昭和三二）年七月二五日から翌日にかけて、八〇〇㍉に達した集中豪雨は、諫早大水害をもたらした。本明川にかかった橋のうち、この眼鏡橋を除いて、すべて流された。流木が眼鏡橋でせき止められてダム化し、氾濫した濁流が市内にあふれ、被害を増大させた。

その後の河川改修で川幅が約二十㍍広げられ、両岸もかさ上げされることになり、眼鏡橋は取り壊される運命となった。諫早市当局は百年を超えて風雪に耐えたこの石造文化遺産を後世に保存すべく、一九五八（昭和三三）年一一月に国の文化財指定を受け、諫早公園へ移設することになった。

諫早市の土木技術者だった山口は、この移設工事に現場責任者として携わり、一九六〇（昭和三五）年一二月から九カ月をかけて、移転を完成させた。山口はこの移転工事で見聞した石造アーチ橋の構造、歴史に興味をそそられ、九州一円のアーチ橋を訪ね歩き、石橋の研究に没頭することになる。

一九七四（昭和四九）年に著書「九州の石橋をたずねて」を世に出し、西日本文化賞を受賞、九州における石橋研究の第一人者となった。その中で山口が「石橋群は中国の技術に非ず」として、ポルトガル伝来説を打ち上げたため、石橋研究の専門家の間に、大きな波紋を投げた。

山口は著書の中でポルトガル伝来説の根拠として、次の五点を挙げた。

①中国の石橋は、仏教思想をも感じさせる西洋人が理解しがたい趣を持っているが、長崎のアーチ橋はヨーロッパの石橋に似たつくりである。

②アーチ橋の設計には力学計算が必要で、商人や坊さんには簡単には覚えられない技術である。
③眼鏡橋と同じ中島川に架けられた石橋で、輪石の厚さが五十九㌢に設計された橋が五橋ある。中島川に石橋を架けた中国人技術者や石工の出身地は異なるから、輪石の厚さが違っていいはず。同じなのは、アーチ橋設計を秘伝として受け継ぐ長崎居住の設計者がいたはず。
④一覧橋の橋畔の石碑には「高一覧が建募する」と記されている意味は、一覧が中心となって募金して架橋したということであり、一覧は世話役の中心人物であったに過ぎない。眼鏡橋の黙子禅師も単なる募金者だった。
⑤熊本県で発見された、池部長十郎が書いたとされるアーチ技術に関する秘伝書に、「この技術は奥義である」とした後、こう書かれている。「右測量術者崎陽中野子(氏)文伝以同所末次子(氏)より伝所也」。これは、「……最初に伝えた末次氏も同じ意向である」という意味で、長崎の初代代官だった末次氏が、一家の秘伝として代々伝えてきたことがわかる。
最大のポイントは⑤にある。御朱印船の仕切り役を任された末次平蔵とその一族が、

異人と交際している間に、ヨーロッパで発達しているアーチ橋の話を聞き、苦心してその設計法を習得した。その後、ポルトガル船来航禁止令が出され、末次一族以外はその設計法を聞き出す機会が持てなくなり、末次一族の秘伝となったと推理した。そのポルトガル伝来の技術をもって眼鏡橋などを架けたとしている。

アーチ技術の中国渡来説を覆す新説に、早稲田大学客員教授だった工学博士・太田静六ら専門家が検証を加えた。その結果、秘伝書に出てくる末次氏は長崎代官だった末次平蔵の一族ではなく、江戸末期に長崎に住んだ蘭学者・末次忠助のことであることが確認された。

忠助は天文学、数学、物理学、測量学に長けており、秘伝書に「右測量術……」とある通り、秘伝書はアーチ橋に関するものでなく、細川藩の砲術家・池部啓太が書いた測量学に関するものだった。山口が「……最初に伝えた末次氏も同じ意向である」と解読した部分は、「この測量術は﨑陽中野氏が伝えていたものを末次（忠助）氏により（池部氏に）伝えた」と読むのが正しいとし、山口説は認められなかった。

しかし、今なおポルトガル伝来説を真説として語るアーチ橋愛好家は少なくない。アーチ橋の設計術が山口によって、「ポルトガル伝来が秘伝」とされたため、「種山石工」の興りについても、多様な伝説が語られるようにもなった。それがまた、アーチ橋の奥深い魅力を増幅させ、アーチ橋が秘めるロマンとして、愛好家を惹きつけてもいる。

山口のこの誤りは、国重要文化財の諫早眼鏡橋移転での功績、その後石橋研究家としての実績に傷をつけるものではない。山口自身もそのロマンのとりこになったに過ぎない。石造アーチ橋の架橋技術が、中国から長崎へと伝えられたことを確認したうえで、その技術が九州一円にどう広まって行ったのかを追ってみる。

それは、現存する石橋の架橋年代をたどることによって、おおまかに知ることが出来る。長崎の眼鏡橋を代表とする石橋群の多くは、一六〇〇年代の初期から、一七〇〇年までに架けられている。江戸時代の寛永から元禄年間までの約百年間となる。

現存する石橋の多さと、当時の種山石工の存在から、肥後藩（熊本県）への技術移転があったと想像できるが、意外にも、福岡県大牟田市の早鐘眼鏡橋の方が、熊本県内の最も古い石橋より、約百年早く架けられている。

架橋当時の大牟田地方は、三池藩の寒村で毎年のように干ばつに見舞われていた。代官・平塚喜右衛門信昌が灌漑用に早鐘池を造り、眼鏡橋はその用水を送る水道橋として架けられた。

完成は一六七四（延宝二）年だから、長崎・眼鏡橋の架橋から四十年ほどで、水道橋が架けられたことになる。古代ローマには水道橋は珍しくはなかったが、江戸時代の日本には水道橋の発想すらなかったに違いない。

信昌らは長崎・眼鏡橋を手本にしたうえで、「橋の上に水を通す」というオリジナリティーを加えて、アーチ橋を完成させた。そこに、早鐘眼鏡橋が特筆されるべき理由がある。

福岡県内では、秋月・眼鏡橋までの二百年近く、石橋の架橋例はなく、一七〇〇年代になって、熊本県での架橋ラッシュの趣をみせる。それにつれ、「名工」とされる石工や石工集団の名前が歴史に残り、それぞれの石橋をめぐって、架橋のねらいやその苦心について、多くの伝承が語り継がれて来ている。

熊本県内の最古の石橋は一七八〇（安永九）年頃に、石工・仁平によって架けられた、菊鹿町の洞口橋だ。一八七五（明治八）年に編纂された「山鹿郡誌」によると、仁平はやはり石工の父と益城郡上嶋村に住んでいた。その後、菊鹿町に移り住み、庄屋・喜兵衛の子となった。

仁平は肥後藩から阿蘇郡黒川（阿蘇郡長陽村黒川）に橋を架けることを請け負った。熟慮の末、眼鏡橋にすることを決意、眼鏡橋の架橋技術を学ぶため、長崎まで出かけた。帰郷後、自宅近くの太田川に試作として架けたのが、長さ八㍍、幅六十㌢ほどの洞口橋だ。

これに自信を持った仁平は、二年後に黒川橋を完成させた。黒川橋は参勤交代の往還にも使われてきたが、一九五三（昭和二八）年の洪水で流出してしまった。世に言われる種山石工より前に、仁平を中心とした石工のグループが活躍していたことを裏付けている。

種山石工の祖といわれる藤原林七は、長崎の下級武士の家に生まれ、長崎奉行所に勤めていた。眼鏡橋を見るたびに、重い石を積み上げただけの単純な構造でありながら、アーチ内に支柱がなくても、強い強度を持たせる架橋技術に惹かれた。

出島にいたオランダ人に接触するうち、円周率の計算方法を身につけた。鎖国の時代に無断で異国人と接することは、禁じられていたため、林七は次第に身の危険を感じ取ってゆく。

林七は一七八七（天明七）年に、種山村に逃げ、架橋技術を持った石工・宇七に出会う。円周率を知らなければ眼鏡橋を架けられないわけではなかったが、相通じるものを感じ、架橋技術に惹かれたことは想像に難くない。宇七の手ほどきを受け、石工としての腕を磨き、藤原姓を捨てて種山姓を名乗った。

　農業のかたわら、石造アーチ橋の架橋技術を身につけ、一八〇四（文化四）年に、小さな石橋を三つ架けた。「上」・「中」・「下」の「鍛冶橋」と呼ばれているが、長さは三・五㍍―六㍍、幅は三㍍以下で、試作あるいは、技術の習練のために架けたものだろう。

　林七は地域の石工たちにこの技術を伝授した。その石工たちが、「種山石工」として後世に語り継がれるようになった。

　石工の博物館「東陽石匠館」が、熊本・八代市東陽町にある。この地域こそが、〝石工の里〟である。石匠館の展示は、石造アーチ橋を生んだ技と、種山石工の歴史がわかるように工夫されている。

　その周辺の小川には、自然石で架けた小さなアーチ橋が架かっている。それらは、種山石工の先達が練習のために架けたものだ。堅牢さに加え、ぬくもりさえ感じさせ、そのたたずまいには、時空を超えた存在感が漂う。

種山石工の架橋技術を開化させたのが、岩永三五郎だった。三五郎は藤原林七に、石工の技を伝授した宇七の次男。長兄・宇吉とともに石工として育った。

一八一七（文化一四）年に、若干二十五歳にして、肥後藩で初の水路橋の雄亀滝橋（下益城郡砥用町石野）を架けている。亀滝橋は種山石工が伝えた、長崎・眼鏡橋の工法とかなりの違いがあり、仁平らの石工集団から学んだという見方が出来る。肥後にはいくつもの石工集団があり、交流と技を磨き合っていたことがうかがえる。

亀滝橋は周辺三十五粁の荒れ地に用水を配し、三五郎はその論功によって、「岩永」の姓を授けられたと言われる。三五郎の名前と腕の確かさは、隣の島津藩にまで知れて行った。

島津藩はそのころ、調所広郷《ずしょひろさと》の手腕で、危機に瀕していた藩財政も立ち直り、城下・鹿児島の治水・架橋が課題となっていた。それを推し進めるために、一八四〇（天保一一）年に三五郎を招いて、甲突川の架橋に着手、三五郎は五つの石橋を架けて行くことになる。これが、「甲突五橋」と呼ばれる石橋群だ。

明治元年から、わずか二十八年前。それまでは、島津藩に石造アーチ橋は一つもなかった。だから、島津藩の石橋は、九州一円では新しい石橋群ということになる。

また、九州各藩で城下町に石橋を架けたのは、島津藩だけ。各藩が城下町に石橋を架けなかった理由は判然としない。

甲突五橋はいずれも長大な多連アーチ橋で、壮観さが目立っている。時代が明治維新に向けて胎動する中で、島津藩が幕府や他の雄藩に対して、藩の力を示威しようとするねらいがあったのではないかという推察は可能だ。

甲突川は鹿児島市を北から南へ貫流し、錦江湾へ注いでいる。甲突五橋の完成は年代順に、一八四四（弘化二）年の新上橋、次いで一八四五（同三）年の高麗橋、その翌年の西田橋、一八四八（嘉永元年）の武之橋、翌年の玉江橋で、一年一橋のペースで架けられた。これも、島津藩の藩勢をうかがわせて余りある。

最も長いのが五連の武之橋で全長七十一㍍、他の四橋はいずれも四連アーチで、武之橋五十五㍍、玉江橋五十一㍍、西田橋四十九・六㍍、新上橋は四十六・八㍍。最初に架けた新上橋が最も短いのは、興味深い。

三五郎にとっても、多連アーチ橋は初体験であり、島津藩としても、川幅の一番狭い場所を選び、三五郎の腕を試したとも考えられる。緊張の中で、全力を尽くして取り組む三五郎の姿が偲ばれる。

橋の格式は、島津城内の表玄関に位置する西田橋が最も高い。島津公はこの橋以外を渡ることはなかった。当然ながら、欄干の親柱のすべてに、格式と威厳を示す青銅製の擬宝珠がつけられている。

一八四八（嘉永元）年、藩の財政再建に手腕を発揮し、三五郎を呼んだ調所が死ぬ。財政再建は幕府の禁を破って琉球との貿易で得た利益によるものだったことが発覚し、引責の自殺だったとも言われる。

十年近くの間、島津藩に滞在、甲突五橋をはじめ三十を超える石橋を架けた三五郎は、最大の支援者を失い、翌年に故郷の八代郡野津に戻った。そして、二年後にこの世を去る。

三五郎の帰郷をめぐっては、「永送り（暗殺）」伝説が語り継がれている。架橋技術に長けた三五郎の帰郷を前に、島津藩が藩の内情を知り過ぎたとして、三五郎が肥後藩から引き連れて来た石工ともども暗殺するという噂が立った。

三五郎は石工達を様々な口実をつけて、肥後藩に逃がし、最後に帰藩を許される。帰路、鹿児島県出水市付近で、島津藩が放った刺客に捕らわれた。しかし、三五郎の動じない態度に心を打たれた刺客は、三五郎を斬れずに肥後に帰らせたという。

この伝説がどうして語られるようになったかは、つまびらかではない。しかし、アーチ橋の構造と、三五郎の後ろ盾だった調所の死が、引責自殺とささやかれたこととの関係が考えられる。

アーチ橋の架橋工程では、最後に冠頂石を打ち込むことによって、輪石に荷重が伝わり、それぞれがガッチリと食い込む形で高い張力を生み、堅牢なアーチとなる。冠頂石をはめ込むのは、石工棟梁だけに許された仕事で、儀式を経て槌《つち》をふるう。

それに続いて輪石を支えていた支保工をはずす。これが、アーチ橋架橋のクライマックス。その瞬間、アーチを形作る輪石全体がわずかに沈下する。

そのまま静止すれば、架橋は成功となる。時には、支保工をはずしたとたんに、輪石が崩れ、支保工をこっぱみじんに吹き飛ばし、川面に落下することがあった。実際、初期の架橋では、珍しいことではなく、輪石崩壊の犠牲になった石工も少なくなかった。

冠頂石は契り石とも呼ばれるが、人にたとえればアキレス腱だからだ。逆に考えると、冠頂石を取り外せば、アーチ全体が一気に破壊できることになる。

島津藩は、これに熟知していた三五郎を生かしたまま帰藩させ、敵意を持った勢力に取り込まれれば、世に誇る五橋が破壊されかねないと恐れた。それが、この伝説につながったかもしれない。

調所が進めた藩財政の立て直しは、幕府から禁じられていた琉球貿易でなし得た。島津藩はこの密貿易による財政再建を、幕府筋に知られたくなかった。調所との関係で、それを知っていた三五郎の口を封じておきたかった藩の事情が、永送り話を語らせたのかも知れない。

しかし、いったん出来上がったアーチ橋から冠頂石をはずすことは、不可能に近い。また、架橋技術に長けたといっても、三五郎は石工の棟梁に過ぎない。密貿易の事実を知っていたかどうか。知っていたとしても、それを幕府に訴え出るほどの、政治的野心を持っていたはずもない。

出所や由緒がはっきりしないのは、伝説の常ではある。だが、三五郎がたぐいまれな技術を身につけた石工の棟梁だったからこそ、伝説の主役になったことは間違いない。

三五郎をめぐる永送り伝説は、一九七五（昭和五〇）年に「肥後の石工」（今西祐行著）として小説となり、舞台化された。石造アーチ橋の架橋技術の伝承に果たした肥後の石工の役割を世上に再認識させたが、石橋研究者の中には、「伝説を事実として一人歩きさせた」という批判もある。その当否はさておき、三五郎の業績と生き様は、今にまで語られている。

アーチ橋架橋の名棟梁・林七の技は、長男・嘉八に継がれ、娘・三与は三五郎の妻になっている。嘉八の子、つまり林七の孫の宇助、宇市、丈八（勘五郎）、甚平、勝蔵の五人とも石工として身を立てた。

宇助は霊台橋（砥用町）の石工棟梁として名を残し、宇市、丈八は通潤橋（矢部町）の架橋に当たった石工の中心になって腕をふるった。とくに、丈八は通潤橋架橋の功労で苗字帯刀を許され、「橋本」姓を名乗り、明治に入って「橋本勘五郎」と名を変えた。

勘五郎は種山石工の代表的な存在とされるが、肥後の石工の身分ながら、一八七三（明治六）年に政府に召し出され、月給十二円で土木寮雇になり、六月には二十円に昇給、翌年には土木寮測量司雇として、活躍の場を与えられたからでもある。橋本家には、東京の眼鏡橋のうち、「皇居の二重橋、日本橋、万世橋、江戸橋、浅草橋、神田橋を勘五郎が架橋した」という口伝が伝えられている。

勘五郎が東京に上った経緯はこうだった。一八七二（明治五）年、大蔵省参事・林友幸が矢部の水道橋も兼ねた通潤橋と、それを生かした井出新田を視察した。これらを成し遂げた惣庄屋・布田保之助の力に感銘を受け、東京の文明開化の一翼を担わせようとしたが、本人は七十二歳の高齢を理由に辞退する。

その代わり、息子の弥門が仕出することになり、大蔵省土木寮十一等に任命された。弥門は現場を担当させる技術者として、通潤橋の架橋に大きく貢献した勘五郎を連れて上京した。

弥門が勘五郎を使って最初に手がけたのが万世橋だったが、半年ほどの東京生活で体調を崩して帰郷した。一八七三（明治六）年四月に保之助が死に、十月にはそれを追うように、弥門もこの世を去った。布田父子の相次ぐ他界によって、勘五郎も後ろ盾をなくしてしまい、その東京生活は短期間で終わった。

かなりの石橋愛好家が橋本家の口伝を信じ込み、各種のパンフレット類にも口伝通りに書かれている。しかし、日本橋の完成は一九一一（明治四四）年だから、一八九七（明治三〇）年にこの世を去った勘五郎とのかかわりはない。

皇居の二重橋。現在の二連アーチ橋は一八八七（明治二〇）年の完成だが、その設計、施工に勘五郎はかかわっていない。奥の鉄橋も、鉄橋の前は木造橋で、これも勘五郎とは関係がない。

結局、明治政府に出仕している間に、勘五郎が手がけたのは、万世橋と浅草橋の二橋だったようだ。橋本家には一八七四（明治七）年に内務省から受けた感謝状があるが、これは万世橋の架橋の功によるものだった。

石造りアーチ橋は、支柱のない単純さと揺るぎない強度が、見上げる人に、驚異的な落差を感じさせる。それがかもし出す構造美がアーチ橋の大きな魅力でもある。

その歴史は、いくつもの伝説と口伝に彩られている。それは、長い間、石工達の〝匠の技〟によって生み出されて来たからにほかならない。

アーチ橋の架橋技術を力学的に解明したのは、フランスの幾何学者・フィリップス・ド・ラ・イールだった。一六九五年に「滑らかな迫石理論」として発表した。長崎の眼鏡橋が架けられてから半世紀以上もたっていた。

それでも、洋の東西を問わず、架橋技術者たちはこうした理論を知らなくとも、体験的な架橋工法の改良の積み重ねによって架橋し続けた。欧米で力学計算をもとに設

日本橋からの里程標

計して架橋し始めるまでには、さらに一五〇年もの歳月の流れがあった。

日本橋は一九九九（平成一一）年五月一三日、国の重要文化財としての指定を受けた。その理由書にはこうある。

「明治期を代表する石造アーチ道路橋であり、石造アーチ橋の技術的達成度を示す遺構として貴重である。また、土木家、建築家、彫刻家が協同した装備橋梁の代表作であり、ルネサンス式による橋梁本体と和洋折衷の装飾も破綻なくまとめられており、意匠的完成度も高い」

日本橋の完成から四年後、日本橋の北詰めの、日本橋川上流側の川岸に赤煉瓦造りのビルが建った。辰野金吾の設計による、帝国製麻ビルだった。辰野は一帯を〝水の都〟ベニスに見立てて設計したともいわれる。日本橋川側にはバルコニーをせり出し、ライバル・妻木の力作・日本橋を俯瞰《ふかん》できるようになっていた。

日本橋を渡る人々の多くに、妻木と辰野の対抗心のせめぎ合いを感じさせた。しかし、辰野にしてみれば、妻木の「和洋折衷の妙」を認める、メッセージだったかもしれない。

そのビルは取り壊され、日本橋は高速道路に空を奪われ、そんな思いをめぐらすことを許さない。

第三部　奇縁が生んだ再生

東京・南麻布に広がる有栖川公園の道路一本はさんだ南側。在日ドイツ連邦共和国大使館の一階ホールで、パーティーの準備が整った。

二〇一一（平成二三）年三月四日昼。会場には「日本橋クリーニングプロジェクト完成記念レセプション」の看板が掲げられた。三階まで吹き抜けのホールには、春の光が柔らかく差し込んでいた。

スピーチ台の奥に立てられたドイツ国旗、EU旗、ケルヒャー社の社旗。フォルカー・シュタンツェル大使は公務でオープニングに間に合わなかったが、大使代理のロンドルフ公使、ケルヒャー社のハルトムート・イエナー会長、ケルヒャージャパン・佐藤八郎社長、名橋「日本橋」保存会・中村胤夫会長（「三越」特別顧問）、「ジャパネットたかた」・高田明代表取締役、作曲家・船村徹（文化功労者）、森喜朗元総理、菅内閣の芝博一総理秘書官（参議院議員）、報知新聞社・岸洋人社長らが並んだ。主催者、来賓席の多彩な顔ぶれは、日独交流一五〇周年を記念したプロジェクトの完成を祝う

左からケルヒャージャパン佐藤社長、シュタンツェルドイツ大使、ケルヒャー社イエナー会長

のにふさわしい。

足かけ四年にわたって、プロジェクトの実現、成功に尽力した実務者たちも、顔をそろえていた。報知新聞社専務販売局長・木村久、ケルヒャージャパン社長室・鈴木雅子、名橋「日本橋」保存会事務局長（「三越」渉外担当部長）・永森昭紀……。

このプロジェクトは、架橋から百周年を迎えるのを機会に、都市のチリにまみれた日本橋を、ケルヒャー社の高圧洗浄機を使って、蘇らせようというものだった。ケルヒャー社が世界各地で展開している、歴史的建造物を無償で清掃する社会貢献の一環として、同社の日本法人・ケルヒャージャパンが取り組んだ。

ケルヒャー社は、ちょうど設立七十五周年に当たった。自分が日本進出の指揮を取ったイエナー会長は、手塩にかけたケルヒャージャパンが、記念すべき年に、大仕事をやってくれたことに、やや上気して見えた。

このプロジェクトは、奇なる縁から生まれた。それをたどる前に、高度経済成長期から日本橋が受けた、ある種の悲劇に触れないわけには行かない。それ故に、日本橋は高速道路に覆われ、排気ガスと酸性の雨水を浴び、架橋当時の面影はとうに忘れられてしまっていた。

一九六〇年代、高度経済成長の波に乗って、首都・東京の大改造が進められていた。一九六四（昭和三九）年の東京オリンピックを前に、「オリンピックを成功させよう」という、官民あげての大合唱の中、交通渋滞を緩和するため、高速道路網の建設の槌音が高まっていた。とりわけ、羽田空港とメーン競技場と選手村になる、神宮の森を結ぶ都心環状線の建設は、東京五輪を成功させるための生命線だった。

オリンピック開催をめぐっては、日本にとっては、過去に「開催地返上」という汚点を残していた。一九三六（昭和一一）年にドイツ・ベルリンで開かれたＩＯＣ総会で、競争相手のイタリア・ローマ、フィンランド・ヘルシンキと争って、一九四〇（昭和一五）年の第十二回大会の東京開催を勝ち取っていた。

十二回大会の開催地は、本来、前年にオスロで開かれたIOC総会で決まるはずだったが、日本の夏の「高湿多雨」「欧米から遠く、旅費がかかる」などの理由で結論が出ずに持ち越されていた。ベルリン総会では、友好国のイタリア・ムッソリーニ首相を説得して、ローマに辞退してもらって、開催権を獲得したものだった。

一九三七（昭和一二）年七月に盧溝橋事件が起き、日中戦争に拡大、軍部が「競技場建設には、木材と石材を使え」と横やりを入れた。政友会の河野一郎が「一触即発の国際情勢の中で、オリンピックを開催するのはいかがなものか」と反対を鮮明にし、返上の気運が高まった。

近衛文麿を首相とする近衛内閣が、一九三八（昭和一三）年六月に、戦争遂行以外の資材の使用を制限する需要計画を閣議決定した。この決定で、東京オリンピックの資材使用の制限も明記され、翌月、東京開催を正式に返上した。

一九五五（昭和三〇）年、パリで開かれたIOC総会で、第十七回のオリンピック開催地に立候補したが、ローマに敗れた。一九五九（昭和三四）年に西ドイツ・ミュンヘンで開かれたＩＯＣ総会で、第十八回大会の開催地に再び立候補、アメリカ・デトロイト、ベルギー・ブリュッセルなどを破って開催地となった。

東京オリンピックは、戦後の経済復興を世界に示し、国際社会に復帰するための重要な意味を持っていた。「開催地返上」という汚名を挽回するチャンスでもあった。東京・大阪を三時間で結ぶ夢の超特急・東海道新幹線の開通とともに、高速道路網の整備は、至上命題だった。

迫り来る五輪へのタイムテーブルを前に、建設省、東京都はあせった。過密都市・東京での、高速道路建設のための用地確保の難しさからだった。

河床が公有地であることに気づいたのは、建設官僚がみせた〝火事場の馬鹿力〟だった。公有地なら、用地買収交渉の手間がはぶける。日本橋川に橋脚を立てて高速道路を通せば、五輪開催に間に合うと手をたたいた。

「国策のために協力を……」。日本橋地区の企業や老舗を説得し、日本橋の真上に高速道路が完成した。川の上に高速度路を通す手法は、当時、〝空中戦〟と呼ばれた。老舗の旦那衆の中には、五輪が終わったら、高速道路は取り外されると思い込んだ人もいた。

東京オリンピックは、九十三の国と地域から男子五、一五二人、女子六七八人の計五、八三〇人の選手が参加、二〇競技、一六三種目で競われ、それまでのオリンピック史上、最大規模の大会となった。開会式は一九六四（昭和三九）年一〇月一〇日、秋晴れの国立競技場で開幕した。

上空では、航空自衛隊の曲技飛行チーム・ブルーインパルスのF-86が五輪のマークを描く。ブランデージIOC会長が日本語で、「ここに謹んで天皇陛下のお言葉を賜ります」と案内し、昭和天皇が開会を宣言した。

聖火リレーの最終ランナーは、一九歳の陸上選手、坂井義則（早大競走部）だった。坂井は広島に原爆が投下された日に、広島県三次市で生まれた。国内の聖火リレーでは、初の国産旅客機「YS11」が使われ、原爆投下の日に生まれた坂井が、最終聖火ランナーとして、聖火台への階段を駆け上がる姿は、日本復興の象徴的な光景として、多くの国民の胸に刻まれた。

重量挙げの三宅義信が第一号の金メダルをもたらし、「東洋の魔女」の異名をとった女子バレーボール、体操、レスリングなど、日本は金一六、銀五、銅八の計二九個のメダルを獲得して、競技面でも気をはいた。一〇月二四日に閉会式が行われ、東京オリンピックは成功のうちに閉幕した。

東京オリンピックに注ぎ込まれた国費は、国立競技場など施設整備に一六四億円、大会運営に九四億円、選手強化に二三億円などだった。大会期間中にソ連のフルシチョフ首相が解任され、中国が初の核実験に踏み切り、世界情勢が激動する中、日本の戦後復興を世界に示す大会となった。

大会前、がんで入院治療を受けていた、首相・池田勇人は開会式には病院から姿を見せたが、閉会式翌日、東京オリンピックの成功を花道に退陣した。池田の後を佐藤栄作が引き継いだ。

東京オリンピックの閉幕を待っていたかのように、景気は縮小し、金融引き締めが重なって、山陽特殊製鋼が倒産した。負債総額五〇〇億円は、当時としては史上最悪の倒産劇となった。

大手証券各社がそろって赤字を計上、当時の田中角栄蔵相の一声で、経営危機に瀕していた山一証券を日銀特融で救済せざるを得なかった。政府が戦後初めての赤字国債の発行を決めたのを受けて、底値を打った株価も上昇、昭和恐慌の再来をからくも回避した。

この証券不況を脱した日本経済は、一九七三（昭和四八）年の第四次中東戦争による原油価格の高騰がもたらしたオイルショックに陥るまで、高度成長を続けた。一九六八（昭和四三）年には、国民総生産（GNP）が世界第二位を記録、高度成長期の平均経済率は九・一％となり、世界の資本主義国に驚異をもたらした。

中村胤夫・保存会会長

オリンピック前後にはテレビ、洗濯機、冷蔵庫が〝三種の神器〟といわれ、一般家庭に急速に普及した。生活時間の割り振りに大きな変化をもたらし、女性の社会進出をうながした。

経済の高度成長は、「水俣病」「イタイイタイ病」「四日市ぜんそく」などの公害病を顕在化させ、環境破壊をもたらし、ゴミ問題が深刻化した。都市への人口集中により過密・過疎の問題が暗い影を落とした。

こうした高度経済成長の流れの中で、一九六八（昭和四三）年に、「名橋『日本橋』保存会」が発足する。

高速道路が日本橋を覆う光景は、ある意味では経済大国のシンボルとして、都市景観の中に溶け込んで行った。当然ながらその分、日本橋周辺の伝統的な風情は失われる一方だった。

江戸城の無血開城で、江戸市中が火の海となるのを回避した勝海舟は、その晩年、維新後に新橋や霞が関の整備が進む一方、日本橋界隈が時代から忘れられたように、荒廃したことを慨嘆《がいたん》して、こうもらしたという。

「日本橋はお江戸の象徴だった。あの橋を通る時は、なぜか江戸っ子の誇りで高揚したもんさ……」

高速道路に覆い被された日本橋を見ながら、震災、大空襲と苦楽を共にしてきた日本橋界隈の町内会の人々、老舗の旦那衆、三越をはじめとするデパート、企業関係者も、海舟と同じ思いにとらわれた。「かつての経済・文化の中心としての日本橋地区の栄光を取り戻そう」。それが、保存会を結成させた。

参加した町内会は二〇町内会、法人一〇〇社、個人六〇人。事務局は「三越」が引

日本国道路元標

き受け、後に保存会会長は三越から出す習いとなった。

保存会結成の年の秋には、橋の清掃、修復を行い、翌年には、高速道路の側面に「日本橋」という橋名板の設置を道路公団に働きかけて実現している。ただ、東京見物で日本橋を訪れる観光客の中には、新名板が取り付けられている高速道路の方を日本橋と思いこむ人も多いという、皮肉な現象も起きた。

一九七二（昭和四七）年、路面電車（都電）が廃止された。その八月、日本橋一丁目、室町一丁目の青年団が中心となって、国道事務所、警察、消防の協力で、橋を全面交通止めにして、橋面を洗った。

翌年の道路改修の際に、橋中央の路面電車の架線柱に付けられていた「東京市道路元標」に代わって、架線柱跡の橋面に、首相・佐藤栄作の筆による、五十㌢四方の「日本国道路元標」が埋め込まれた。この「東京市道路元標」は北詰広場に移し、保存されている。その直上の首都高速にも、東京市道路元標をモデルにしたモニュメント（道路元標地点碑）が設置された。

保存会発足から三十三年後の一九九八（平成一〇）年に、装飾や照明の本格修理が行われ、日本橋の架橋八八年にあたった翌年、国の重要文化財の指定を受けることとなった。その指定理由にはこうある。

「道路用橋梁の技術的達成度を示す遺構として貴重なものであり、意匠的な完成度も高く、装飾橋梁の代表作としても高い評価を有する」

毎年、正月の国民的な行事となっていた箱根駅伝の最終十区も、この年から日本橋を経由することになり、日本橋にとっては、保存会の熱意がもたらした〝米寿の慶事〟となった。

しかし、保存会や地元町内会などにとっては、日本橋を覆うようにして走る高速道路は、都市景観を阻害するだけでなく、社会資本ともいえる日本橋の価値そのものを低下させているという思いを捨てることは出来なかった。二〇〇三（平成一五）年、学識経験者を交え、首都高速道路公団などを巻き込んで、日本橋周辺の高速道路の再構築を検討するため、「日本橋　みちと景観を考える懇談会」をスタートさせた。

九回にわたって検討を加えた結果、最終的に導き出された結論は、高速道路の地下化だった。地元の総意も、高速道路の地下化による、都市再生だった。

こうした動きに、当時の首相・小泉純一郎は、二〇〇五（平成一七）年暮れ、国家プロジェクトとして、首都高速道路移転を構想、在任中にその道筋をつけたいと、有識者会議の「日本橋川に空を取り戻す会」を設けた。

メンバーは伊藤滋（早大教授）を会長に、奥田碩（経団連会長）、中村英夫（武蔵工業大学学長）、三浦朱門（元文化庁長官）。「取り戻す会」は翌年八月、「地元代表者との意見交換を含め、集中的な議論を重ねてきた。その結果……」として、総理への提言を公表した。それには、こうある。

「街」「川」「みち」を一体的に整備することで、美しく文化的で賑わいのある都市空間を日本橋地域に創出できると確信するに至った。（中略）もちろん、高速道路本体の移設についても今後の施工技術の進歩、更なる道路設計上の検討、事業執行方法の改善などを通して、事業費の圧縮に努めることは当然である。この事業は民間と公共の密接な協力なしには成立しえない。今後、早急に関係する主体間の協力体制を構築するとともに、この提言がより実現に近づくよう、政府においても引き続き検討作業が進められて行くことを切望する。

提言がはっきりとうたったわけではないが、「移転」とは首都高の地下化を意味していた。

二〇二〇年の五輪誘致を目論んでいた、東京都知事・石原慎太郎が、真っ先にこれに乗った。だが、小泉が首都高移転を言い出すと、「日本橋をどこかに移せばいいのか」と腰を引いた。地下化に要する事業費は、五千億円という巨額なものと試算されてもいた。

「日本橋と高速道路が重層したデザインこそ、戦後日本の復興と、巨大都市・東京を象徴する景観」。首都高の移転提言に対して、若手の建築学者や都市工学者らから、反対の声があがり、景観論争が展開された。

ほどなくして、小泉政権は終わり、小泉は政治の世界から去った。石原が目論んだ、五輪誘致も失敗した。首都高移転は夢物語に終わったようにも見える。石原にせよ小泉にせよ、政治の世界に身を置いた証の一つとして、目に見える業績を残したいと思っただけだったのかもしれない。

日本橋は関東大震災、太平洋戦争の東京大空襲という二度の災禍をかいくぐり、今に生き、首都交通網の大幹線としての役割を果たして来た。しかし、架橋から百年を前にして、整備された日本橋川の岸辺に降りて、橋脚を見上げると、積年の疲労は隠すべくもなかった。

高速道路の地下化は構想だけで足踏み状態となったが、直接、日本橋の管理に当たる国土交通省東京国道事務所は、二〇〇五（平成一七）年、「日本橋の保存と管理に関する検討委員会」（委員長・依田照彦早大教授）を設けた。日本橋本体の老朽化を調査し、必要個所の補修をしたうえで、二〇一一（平成二三）年四月の架橋百年を迎えるためだった。

東京国道事務所がこうした動きに踏み切らせたのは、保存会や町内会による、日本橋とその周辺環境の整備に対する熱い思いと行動だった。町内会の青年を中心に始まっ

橋洗い

た橋洗いは、「日本橋を洗う会」として、毎年、毎年七月の第四日曜日と固定化され、毎年、子供からお年寄りまで、一、五〇〇人前後の人が参加している。

　また、その前日には、保存会が主催して、全国で地元の橋の清掃などに取り組んでいる小学校児童を招いて、「こども橋サミット」を開いている。これまでの参加校は七十校にのぼり、橋と道路愛護意識の向上に貢献している。

　事務局長の永森は長年、保存会活動の裏方として汗をかき、今では、日本橋のみならず、日本橋地域の〝生き字引〟でもある。

　保存会は日本橋の保存だけにとどまらず、下を流れる日本橋川の浄化とも取り組んでいる。浄化作戦では、乳酸菌、酵母、光合成細菌、放射菌、糸状菌など十数種類の微生物を混ぜ込んだ土団子（ＥＭ団子）を作って、日本橋にちなんだイベントのたびに、参加者に川へ投げ込んでもらっている。

二〇〇三（平成一五）年から数えて、十五万個を超える土団子が投入された。かつては、ドブ川同然だった日本橋川も格段に浄化され、毎年秋にはハゼの魚影が見られるようにまでなった。ユニークなのは、土団子は首都圏の養護施設の子供達や障害者に作ってもらい、その謝礼を施設の運営に役立ててもらっていることだ。

水質浄化と福祉支援を組み合わせたのは、永森のアイディアだった。永森は日本橋の歴史を説明する時、「日本橋には獅子の像がついています。何個ついているでしょう」と謎かけをする。

「シシだから十六個？」「その通りです」。かけ算ではないのだが、橋全体で獅子の像は十六体ある。今、再開発でめまぐるしく街並みが変化している日本橋界隈をメディアが取材する時、永森に声をかけない取材者はもぐりに近い。

時には、本人がブラウン管に登場して、案内役を買う時もある。日本橋に空が戻るまで、保存会の活動にはなくてはならない才気を秘めている。

橋洗いが定着したとはいえ、年一回で橋の両面は、ホースで水をかけるだけとあっては、日本橋の橋脚や高欄には、粉塵や車の排気ガスによる汚れが付着し、架橋当時の御影石の輝きはとうに失われていた。あきらめたわけではないが、保存会の力だけでは、なすすべがなかった。その黒ずんだ汚れをどうするかについては、検討委員会の論点にもあげられていなかった。

二〇〇六（平成一八）年四月一六日の夕刻、石川・小松空港二階の蕎麦屋で、ケルヒャージャパン社長・佐藤八郎、当時、報知新聞取締役販売局長だった木村久がテーブルを挟んで話し込んでいた。佐藤の前には生ビール、木村の前には冷酒・手取川が置かれていた。

二人は共通の友人で、当時、森総理大臣の政務秘書官だった宮村栄一の妻・雅子の通夜、葬儀の帰りだった。佐藤は仙台への直行便、木村は羽田便の時間待ちだった。

ともに五十歳代半ばという年齢相応の顔立ちだが、絵に描いたようなビジネスマンの佐藤と、体も声も大きくて、性格も大人風の木村では風体の違いは際だっていた。この取り合わせは、他の客の目には異様さをもって映ったかもしれない。

佐藤八郎

木村久

二人が最初に出会ったのは、一九六七（昭和四二）年の春にさかのぼる。何人もの総理大臣や論客を輩出した早稲田大学雄弁会。第一学生会館にあった、その部室でだった。

山形県・鶴岡市に生まれた佐藤は六歳で父を亡くし、十一歳の時、千葉・習志野市に引っ越した。野球が好きだったばかりでなく、その才もあった。高校野球の名門・習志野高校に入学、野球部で甲子園を目指した。

一年上には、後に中日で活躍した矢沢健一がいた。レギュラーへの道は無理と判断し、勉学に切り替え、早稲田の商学部に入った。

木村は栃木・鹿沼市の兼業農家の生まれ。父親は教師だった。市街地から遠く離れた板荷という小集落の自然の中で育った。うまい蕎麦が取れ、山菜も豊富。徳川時代は幕府が秘密で、一帯の農民に朝鮮人参を栽培させ、将軍はもとより幕府要人の健康増進に役立てたといわれる。

木村は自由奔放な小中学校生活を送ったが、学業成績は良く、名門進学校の今市高校から、早稲田大学社会科学部に合格した。野性児そのままのキャラクターは、幼少時代に体にしみこんだもの。しばしば発する栃木県の県北地方の方言は、特筆すべき愛嬌でもある。

二年に進学して、木村は雄弁会幹事長、佐藤は総務幹事についた。幹事長と総務幹事は、会の運営全般にわたって夫婦のようなもので、二人の間には友情が深まって行った。

大学一年の冬、木村は佐藤を実家に招き、お袋手製の田舎料理を振る舞い、日光・湯元に足を延ばし、スキーを楽しんだ。互いにうまくはなかったが、今でも忘れがたい思い出になっている。

大学卒業後すぐに佐藤は結婚、木村をはじめ雄弁会の面々が結婚式に押しかけ、「都の西北……」と木村が音頭を取ったエールで、佐藤の門出を祝った。当時、その賑やかさはしばらく、雄弁会の語り草になったほどだ。

佐藤は住友スリーエム、木村は産経新聞社に入社、それぞれ扱う製品は、清掃関連製品、新聞と異なったが、同じ営業マンとして社会人の道を歩み始めた。佐藤は営業先で可愛がられ、木村も新聞販売店からの信頼を集め、新聞販売のプロの階段を登った。

佐藤は一時、兄弟で物流会社を経営した後、リヒテンシュタインの電動工具メーカー・ヒルティの日本法人で副社長を務めた。そして、一九九五（平成七）年に、請われてケルヒャージャパンの社長に就任した。

木村は販売局長にまで登り詰め、サンケイ新聞の販売部数の維持、拡大に大きな足跡を残し、二〇〇五（平成一七）年から、スポーツ報知を発行している報知新聞に転じていた。

佐藤は木村の産経新聞時代、大手町の産経本社を訪ね、木村と近況や将来を語り合った。ケルヒャージャパンの社長に就いた後も、木村に会社の営業資料を送り続けていた。木村は自分の販売政策の実現に精力を傾けていたせいで、それほどの関心を持ちはしなかった。激しい部数競争の中に身を置き、そんな余裕もなかったとも言えた。

しかし、頭の片隅から離れなかったことが、一点あった。それは、ケルヒャージャパンが社会貢献として、二〇〇〇（平成一二）年に広島の平和公園の記念像の洗浄作業に取り組んで、原爆の犠牲になった人々の遺族や平和団体から深く感謝されたということだった。

このクリーニングでは七月に、広島・平和公園に、原爆犠牲者の鎮魂と恒久平和を願って建てられたブロンズ像を洗浄した。ドイツのケルヒャー本社から洗浄スペシャリストのヘルムット・ゼトラーを派遣してもらい、高圧洗浄機を使って取り組んだ。「原爆の子の像」「嵐の中の母子像」「動員学徒慰霊塔」……。八日間かけて計九体の記念像を清め、ゆかりの人々から喜ばれた。

広島平和記念公園「嵐の中の母子像」の洗浄

この年の平和祈念式典の日には、記念像の関係者に格別の感慨を呼び起こした。

小松空港の蕎麦店で、木村はその詳細について、佐藤から説明を聞いた。佐藤は「世間の注目をもっと集められるところで、次のプロジェクトをやりたい」と胸の内を明かした。そして「久ちゃん、どこかいい所はないだろうか？　オレとしては、鎌倉の大仏様はどうかと思っている。協力してよ」と、木村に頼み込んだ。

木村は世界で洗浄プロジェクトを展開する、ケルヒャー社の社会貢献のありように大きく心を打たれた。「これは、親友のためにひと肌ぬがなければなるまい」と決心し、佐藤と別れた。

フランスの辞書で、「ケルヒャー」と引くと、「高圧洗浄機」、「ケルヒャーする」は、「清掃する」「きれいにする」と出てくる。ある製品のメーカーの社名が一般名詞となり、動詞として通用する例は、世界でもそうはない。

それだけ、ケルヒャー社の高圧洗浄機が普及している証拠でもあり、社会貢献が認められている証しでもある。そのケルヒャー社の歴史をたどってみる。

一九〇一年、ドイツ・バートカンシュタットの実業家の息子に生まれたアルフレッド・ケルヒャーは好奇心旺盛な少年だった。シュトゥットガルト技術大学で学び、在学中に「公認技術者」の資格を得た。

大学卒業後、父親の会社に入り、業務用厨房、クリーニング機器、貯水設備などの開発を手がけた。会社の業績も上がり、技術コンサルティング会社に発展させた。一九三四年、ルフトハンザ航空から航空機のエンジンを暖めるヒーターの開発を求められ、ガソリン燃焼式の温風器の開発、量産に成功した。

それをバネに、その翌年、アルフレッドがケルヒャー社を創立、航空機用ヒーターの製造で、戦時を乗り切った。戦後の一九四五年以降は、ストーブ、台所用レンジ、手押し車などの生活材、自動車運搬用のトレーラーからミツバチの巣箱まで手がけた。

一九五〇年にヨーロッパで初めての、高温高圧洗浄機を開発して売り上げを伸ばし、その四年後の一九五九年、アルフレッドは他界する。会社は妻・イレーネに継がれ、一九七四年から高圧洗浄機の改良を重ね、その製造に特化、販売網を世界に広めた。一九八四年に市場に投入したポータブル高圧洗浄機が消費者に受け入れられ、現在に至っている。

イレーネはそれを見届けて、一九八七年にこの世を去った。ケルヒャー社はその後も社勢を伸ばし、ケルヒャーグループは世界五十五社の現地法人を含め、関連会社は六十七社にのぼる。製品は世界百九十か国で販売され、販売代理店は四万店、サービス拠点は五万個所に及ぶ。売り上げの八五%をドイツ国外で上げるグローバル企業だ。

製品管理とメンテナンスのための技術移転、指導にはとくに力を入れている。毎年、世界の販売網から延べ一万人の技術者や営業マンをシュトゥットガルトの中心部から西へ五〇キロほど離れた郊外にある本社に召集し、研修を繰り返している。

本社構内には記念館があり、創業時からの製品を展示、会社の歴史をたどれるように工夫されている。記念館横の通路わきには、終戦直後の主力商品だった貨物運搬用のトレーラーが置かれ、社員のモチベーションを引き出す役割を担っている。

商品生産ばかりでなく、人材の育成にも力を入れ、社内に技能学校を併設、十五歳から三年間、ベテラン社員が付きっきりで面倒をみる。学科よりは技能習得に重きを置き、指導者から渡された設計図をもとに、旋盤、機械組み立てなどの技術を磨いている。卒業試験に合格すれば、一部は自社の初級技術者として雇用し、残りは周辺の企業に技術者として送り込んでいる。

また、研究、開発部門では、素材の強度、材質検査などに使う電子顕微鏡や静音機種の開発のための音響検査装置など先端検査機材を整えている。これらは、地元大学の学生が、研究や論文作成のためのデータを収集する際に開放している。

ここでは、長い目で見た〝産学共同〟が地に足を据えた形で実行されている。とくに、マイスター制度を支える技能学校の運営は、ドイツのもの作りの基盤を支えるも

世界各地のプロジェクト

のとなっている。

ケルヒャー社が社会貢献として、最初に歴史的建造物や石像の清掃を手がけたのは、一九八〇年にさかのぼる。対象はドイツ・シュトゥットガルトの主要な鉄道駅だった。

その後、「オベリスク」（ブラジル）、「自由の女神」（アメリカ）、一九九八年にはサンピエトロ広場（ヴァチカン）を洗浄した。ここでは、石柱二百六十四本、清掃面積二万五千平方㍍におよび、一回の清掃面積としてはギネス記録となった。さらに、二〇〇五年には、「マウントラッシュモア大統領巨大彫像」（アメリカ）、二〇〇六年にポツダム門（ドイツ）などと続き、この三十一年間で九十件を超えるクリーニングプロ

マウントラッシュモア大統領巨大彫像（アメリカ）

サンピエトロ広場（ヴァチカン）

世界各地での洗浄プロジェクト

ジェクトを展開してきた。

社内には洗浄スペシャリストなどで構成される、洗浄プロジェクト専門の部署が設けられ、各地の洗浄結果の検証、将来のプロジェクト展開のスケジュール、技術者の派遣などを手がけている。どのプロジェクトでも、単に汚れを落とすだけでなく、周辺環境、対象の材質の保護など、〝世界の遺産〟を後世に残すという大きな理念に裏打ちされた社会貢献事業となっている。

「雄弁会以来の親友の願いを、なんとか叶えてやりたい」。小松空港の蕎麦屋で心に決めた木村は、東京へ帰って真っ先に、報知新聞の専務取締役で編集担当だった井上安正に相談した。

井上と木村との間にも、奇なる縁があった。かつて、読売新聞西部本社の編集局長だった井上に、一通の書状が舞い込んだ。産経新聞販売局長だった木村からだった。

書状の内容は、栃木県出身の作曲家・船村徹を囲んで、東京で活躍するマスコミ人による〝郷土を語る会〟を開くことを知らせ、その出欠を問うものだった。井上はその書状をもらうまでは、木村との面識はなく、存在すら知らなかった。

人をたぐり寄せ、人の輪を築くことには異才を持った木村が、井上の所在を調べ、誘いの手紙を出した。井上の生家がある矢板市は、船村が生まれた塩谷町を真ん中に、木村の生家がある鹿沼市とは、北東と南西にほぼ等距離の位置関係にあった。

木村は今市高校で、船村の十五年後輩に当たる。もちろん、船村は旧制高校時代の卒業生。

木村は自分の社が出す新聞のコラム欄で、船村の顕彰碑が母校に立ったという記事を読んで感激し、船村あてに感想と人生の指導を請う手紙を書き、コラムニストの著書を送ったことがきっかけで、先輩後輩を超える親交を結んでもらっていた。船村がドイツ大使館でのレセプションに駆け参じたのも、そんななつながりがあったからだった。

九州・福岡にいた井上は、〝郷土を語る会〟には顔を出せなかった。その後、木村は報知新聞社に転じ、ほどなく井上も報知新聞専務取締役となって、同じ釜の飯を喰うことになる。

井上もケルヒャー社の社会貢献事業に取り組む理念に、気持ちを大きく動かされた。鎌倉の大仏を管理する長谷寺にコンタクトを取るルートのいくつかについて、木村にアドバイスした。

　それを受けて、木村は長谷寺に打診したが、反応はかんばしいものではなかった。「確かに汚れてはいるが、それも大仏が辿ってきた歴史のあらわれというもの。このままにしておきたい」。木村からその結果を聞いた佐藤は、未練を残しつつ、「じゃ、ほかにやれる所を探して」と、木村に懇請した。

　木村は再度、井上に相談を持ちかけた。それを受けて井上の頭に浮かんだのは日本橋だった。日本橋について調べたところ、五年後に架橋百年を迎えることを知った。

　国の重要文化財でもある日本橋は劣化が目立ち、管理者である国土交通省の東京国道事務所が、補修をした上で百年を迎えようとしていた。「日本橋の保存と管理に関する検討委員会」が立ち上げられ、劣化の検証、補修方法などを検討しているのを知り、「なんとかなるかも」と思った。

　ただ、木村と佐藤の間では、銀座・服部時計ビル、日銀本店、東京駅、国会議事堂などが第二候補として話し合われていた。佐藤は井上が提案する日本橋について、日本の五街道の起点であり、「お江戸日本橋」として歌にもうたわれたことは知っていたが、すぐには食いつかなかった。

木村は佐藤を同道して、日本橋の検分に出かけた。高速道路の下で、黒ずんでハトの糞があちこちにこびりついていた。橋のたもとには、日本橋の由来記や文化財指定の理由書が掲げられているが、その〝惨状〟を目の当たりにして、洗浄プロジェクトの格好の対象建造物として合点が行った。

井上が日本橋にプロジェクトの的を絞った裏には、ある計算が働いていた。報知新聞は、次の年に、創刊百三十五周年を迎えることになっており、その記念事業としてふさわしいと考えた。

毎年、正月恒例の箱根駅伝・最終十区の見せ場が日本橋。その晴れ舞台の〝化粧直し〟は、社会性からも話題性からも、スポーツ新聞としては、この上もない事業になると踏んでいた。

加えて、創刊時の報知新聞の社屋は、日本橋の目と鼻の先にあった。井上は早々に、このプロジェクトを社の後援事業とすることで、役員会の承認を取り付けた。

佐藤は社長室の鈴木に命じて、日本橋の歴史や、現況などの基礎資料を集めさせた。また、日本橋をクリーニングすることを前提に、ケルヒャー社の洗浄技術者と連絡を取らせ、洗浄方法、作業日数、必要経費などを調査させた。

佐藤と井上は、日本橋界隈の再開発を手がけていた大手ゼネコンに足を運んだ。プロジェクトへの後援、具体的には資金援助を要請するためだった。

鈴木が作成したシミュレーションでは①日本橋川に台船を浮かべて、その上に足場を組む②高所作業車を使い、橋上からバケットを吊って作業する③橋の両側面に足場を組む――の三方法が想定された。どれを採ってもかなりの費用がかさむ。最終的にはケルヒャー社の承認を受けなければならない佐藤にとっては、資金協力の得られるスポンサーが欲しいところだった。ゼネコンなら足場の無償提供くらいは期待できそうに思えた。

二人はゼネコン幹部の説得を試みたが、反応はかんばしくなかった。二人の間では、港湾工事会社と組んで台船を提供してもらう、日本とドイツの友好団体を通じて寄付をつのるなどの案がやり取りされたが、実現の可能性は低いと判断せざるを得なかった。

しかし、佐藤も井上も失望はしなかった。井上が「名橋『日本橋』保存会」の存在と、重要文化財である日本橋の保護活動について知っていたからだった。「保存会とタイアップすれば何とかなる」という確信があった。

井上はかつて、箱根駅伝の主催社の読売新聞広報部長だったころ、日本橋の町内会から、箱根駅伝の復路に日本橋を通すよう、コース変更の陳情があって、数年越しで実現したことを思い出した。その時のやり取りから、保存会の永森事務局長の名前が頭の片隅に残っていた。

井上には資金の工面はいざ知らず、着手するまでには各種の手続きが輻輳《ふくそう》して、それぞれの関係役所からゴーサインを取り付けるのが難題に思えた。日本橋は国の重要文化財で、しかも首都・東京のど真ん中の交通の要所であり、いくつもの関係官庁が脳裏をかけめぐった。

永森昭紀・保存会事務局長

文化庁、国土交通省、東京都、中央区、警視庁……。これまでの日本橋保存活動を通じ、それらに太いパイプを持つ保存会と提携するのが最善の策と、井上と佐藤は判断した。

「社会貢献として、ボランティアで日本橋の汚れを落としたい。そのうえで、百周年を迎えてもらいたい」

佐藤と井上は、永森に面会し、洗浄プロジェクト理念や意義について熱っぽく訴えた。そして、東京国道事務所が設けている、有識者の検討委員会の検討項目に「橋のクリーニング」を加えてもらうよう、強く依頼した。永森は「悪い話じゃないですね。会長らに報告して……」と冷静だったが、内心では〝渡りに船〟の思いもあった。

保存会の恒例行事となった年一回の橋洗いでは、橋面と高欄の内側は磨かれるが、橋脚や高欄の外側は、消防ホースで水を掛けるのが精一杯だった。だから、橋洗いを重ねても、橋脚や高欄の外側は汚れを増すばかりなのに、切歯扼腕《せっしゃくわん》していた。

永森は、佐藤らからの提案内容を、保存会会長の中村胤夫、副会長の細田安兵衛らの了解を得たうえで、検討委員会に伝えた。

検討委員会もこの提案に興味を示し、佐藤が検討委員会にオブザーバーとして招かれ、洗浄プロジェクトの概要を説明することになった。佐藤は、海外、日本国内で積み重ねたこうした実績を踏まえ、プロジェクトの意義を訴えた。委員会では文化財保護の観点から、洗浄機を使ったクリーニングが文化財としての価値に影響を与えないかどうかが、議論された。

「汚れを削るために、特殊なパウダーを使うが、洗剤は一切使わず、文化財としての価値を落とすようなことはない」と、佐藤は強調した。しかし、文化庁関係者からは、なお懸念の声が出た。文化庁の考えは、汚れも文化財がたどってきた歴史を物語るもので、それはそれなりの価値があると言う。洗浄によって、御影石が剥離《はくり》することは許されないというのが、基本的見解だった。

このため、佐藤はドイツからクリーニング専門の技術者を呼んで、テスト洗浄を試みることを提案した。委員会もそれに同意し、二〇〇七（平成一九）年三月二一日、テスト洗浄が行われた。ドイツのケルヒャー社から、洗浄スペシャリストのトルステン・モーヴェスが招かれ、検討委員会から依田委員長と一部の委員会メンバー、保存会からは中村会長、細田安兵衛副会長、永森事務局長、東京国道事務所の担当者らが、テスト洗浄に立ち会った。

モーヴェスは一九九六年に、応用技術者としてケルヒャー社に入社、歴史的建造物洗浄事業の専門技師となった。これまでには、「メムノンの巨像」（エジプト）、ギリシャ国立図書館（ギリシャ）、「マウントラッシュモア大統領巨大彫像」（アメリカ）などの洗浄に携わってきた。世界の歴史的な建造物をクリーニングする、ケルヒャー社の社会貢献活動のスペシャリストで、石造建築物の劣化防止などについて、造詣が深かった。

一行は船上から日本橋の劣化や汚れ具合を検証、高所作業車を使って、常温の水を使って、側面の汚れを落とす作業をつぶさに観察した。また、歩道側から高欄の汚れた場所で、ガラス製のパウダーを吹き付ける洗浄方法もチェックした。

御影石の表面を痛めずに、汚れだけが吹き払われて行くのを、依田委員長ら専門家も合点がいった様子で見守った。パウダーを使っても表面を傷つけないことを実証するため、モーヴェスは中村会長の手の平を広げさせて、高欄の御影石の表面に置いてもらい、その上からパウダーを吹き付けた。

トルステン・モーヴェス

手の平の形を残し、御影石の汚れはきれいに落ちたが、中村会長は手の平に痛みは感じなかった。パウダーを吹き付けても、表面に傷がつくことは考えられず、文化財としての価値は全く落とさないで、クリーニングが可能なことを実証した。

モーヴェスはこのテスト洗浄のために、い

ずれも人工の化学物質を含まない二十八種類の洗浄用パウダーを持参していた。その中から、日本橋の汚れを落とすにふさわしい二種類を選んで使った。この周到なテスト体制も立ち会った委員会メンバーの信頼を得ることにつながった。

モーヴィスは委員会で、①日本橋や周辺環境を保全するため、洗剤は使わない②一〇〇度Cの温水とパウダーによる洗浄を組み合わせる③マダラ模様にならないよう配慮する——ことを申し出た。また石造建築物の専門家としての意見として「現状で劣化が激しい部分では、二、三年放置すれば、剥離してしまう。手で触って落ちる部分は洗浄すれば当然、剥離する。洗浄前に何らかの対策が必要」と強調した。

剥離する部分は、何らかの理由で出来た亀裂から雨水がしみ込み、石灰化などの作用で浮き上がっており、いずれは自然に剥離して劣化を早めるからだ。テスト洗浄の結果を受け、委員会はケルヒャージャパンと保存会による洗浄プロジェクトに、ゴーサインを出した。

委員会は結局、日本橋全体の補修を含め、その翌年まで計七回にわたって、審議が続けられた。ケルヒャージャパンの佐藤は、日本橋の洗浄プロジェクトの実現に手応えを感じながらも、検討委員会の進行ペースから、洗浄着手までには、日時を要する

松田川ダムに開いたエコアート

と考えていた。それまでに、別の形の社会貢献をしたいと願い始めていた。

ヒントになったのは、ドイツで高圧洗浄機を使って、巨大アートに取り組んでいる芸術家が話題になっていることだった。構造物の汚れを落とすことで、動物や花などを浮き立たせる。

このアーティストはクラウス・ダオヴェン。佐藤は彼を招き、日本のダムに絵を描いてもらうことを思い立った。

二〇〇八（平成二〇）年夏、栃木県足利市の松田川にある「松田川ダム」のダムサイト（幅二二八㍍、高さ五六㍍）に最大直径二五㍍のツツジの花びら五つを描いてもらった。このアートは、紙に書いた下絵をもとに、輪郭上に粗い点線に粘土を貼り付ける。それを目印に洗浄技術者が黒い汚れを洗い流して、花びらを浮き立たせる。

粘土の貼り付けでは、地上からレーザー光線で粘土を置くポイントを指示、高所作業専門のチームが粘土を置いて行った。そこからは、日本橋のテスト洗浄を行ったトルステン・モーヴェスと二人の洗浄技術者がダオヴェンの指揮で、ロープを頼りに高圧洗浄機を駆使して、一週間がかりで見事な花びらを描き上げた。

ダム手前は、キャンプ場や遊歩道があり、足利市民の憩いの場となっており、制作風景は訪れた親子連れなどを楽しませた。出来上がった見事な巨大花びらについて、ダオヴェンらは「五年は消えることはない」と予想したが、残念ながら一年半で全面の汚れが戻り、花びらは消えてしまった。一帯の空中の汚れが、予想外にひどかったことを実証する形にもなった。

委員会の審議では、①橋面の御影石舗装をはがして防水層をもうけ、御影石を戻す②側面の劣化部分を取り除き、ひび割れ個所にエポキシ樹脂を注入して防水する③側面全体を強化剤でコーティングする――という補修方法が決定された。結果的には、洗浄はモーヴェスがテスト洗浄を受けて提案した方法が受け入れられた形になった。洗浄はコーティング直前の段階で実施することとなった。

洗浄工程のシミュレーション、検討委員会の審議での対応、松田川エコアートを通じて、ケルヒャージャパン社長室の鈴木雅子の活躍も見逃せなかった。仙台の女子大を出たあと、ワーキングビザによる留学やバックパッカー生活も経験していた。当然、海外生活で英語力は抜群だった。

小柄ながら、東京国道事務所や栃木県庁の役人とのやりとりで見せた交渉力は、男顔負けだった。検討委員会で証言するモーヴェスの通訳も鈴木が担当、並み居る大学教授や専門家を前に、臆することなくクリーニングプロジェクトの意義を説いてみせた。このプロジェクトの隠れた功績者だった。

日本橋の補修は二〇一〇（平成二二）年七月から清水建設の手で、着工された。橋上の交通障害を出来るだけ抑えながら、防水層の敷設などの橋面補修が終了した段階で、洗浄プロジェクトがスタートすることになった。

作業に当たるのは、モーヴェスの指揮のもとに、フランス人のブリューノ・スコッキ（四五）、ギリシャ人女性のデスピーナ・コロコッツァ（三〇）、それにケルヒャー

洗浄のためシートに覆われた日本橋

ジャパンからサービス部マネージャー・大塚健郎（五二）、同部リーダー・村岡浩貴（三九）がサポート要員として加わった。

スコッキはギリシャ国立図書館、パリ・オペラ座、コロコッツァもギリシャ国立図書館、ルーブル美術館などの修復実績を持つ修復家。モーヴェスとはギリシャ国立図書館の修復を共にしており、テスト洗浄で御影石の劣化が顕著なことを知って、「修復家の意見も取り入れて、万全な作業を進めたい」と話した。

二〇一〇（平成二二）年一一月一日、滝の広場で安全祈願祭が行われ、翌日から洗浄作業に入った。洗浄は、まず業務用温水高圧洗浄機を使い一〇〇度の温水で洗い落

日本橋洗浄作業

とす。これで落ちない汚れは、炭酸カルシウム粉末を吹き付けるパウダー洗浄機で取り除く。

それでも落とせない黒い層になった汚れは、ガラスパウダー（高炉水砕スラグ）を吹き付ける。パウダーを使う段階では、全体の色調や長い歳月で生まれた微妙な風合いを調節する。

最後に、パウダー洗浄の微細な粒子が表面に残らないように、温水で再洗浄された。日本橋の高欄には米軍の焼夷弾の焼け跡や、橋脚などには関東大震災の際、日本橋川で船が炎上した跡など、〝歴史証言〟が残されていた。

「それらは残したい」という、保存会の要望を裏切らないために、作業は慎重に進められた。日本橋川に立てられた足場は、日本人が作業するための規格で設置されたため、狭い上に入り組んで、複雑な造りになっていた。それも、大柄な修復家たちには苦労を強いた。

洗浄が進むにつれ、モーヴェスらを驚かすことがあった。高欄などの曲線部分の汚れた層を取り除くにつれ、築橋に当たった石工がふるったノミの跡が、くっきりと浮き出てきた。「日本の職人技のすばらしさを、あらためて思い知りました」と、モー

洗浄前の日本橋

洗浄後の日本橋

ヴェスらは声をそろえた。

橋の上流、下流にわけて、洗浄はほぼ一カ月かかり、一二月八日に完了した。パウダーを使うため、雨天が難敵だったが、幸い天候に恵まれ、事故もなく終わった。

黒ずんでいた日本橋も、御影石に含まれている雲母が陽光に照らされ、キラキラと輝き、一〇〇年前の架橋当時の姿が蘇った。モーヴェスは洗浄を振り返って、こう話した。

「チーム一丸でこの大きなプロジェクトを終えられたことを誇りに思っている。日本橋の歴史や古さは残したまま、橋の汚れを落とすことが出来て、当初の目標は達せられたと考えています。橋の管理者、保存に当たっている地元のみなさん、観光で訪れる方々が、この結果に喜んでいただければ、自分にとっては一番のご褒美だ」

計画が持ち上がってから四年。モーヴェスはメディアの取材にそうコメントし、胸をはった。

日独の交流は、一八六〇（安政七）年秋、オイレンブルク伯爵が率いる、プロセインの東方アジア遠征団が江戸沖に来航したのが始まりだった。その翌年一月に江戸幕府と修好通商条約が締結されている。

それ以前、鎖国時代の一八二四（文政七）年にシーボルトが長崎・出島にオランダ人になりすまして、オランダ商館医として入っている。シーボルトは「鳴滝塾」を開き、日本各地から集まった若者達に、蘭学（西洋医学）の教育に打ち込むなど、ドイツと日本の縁は深い。

二〇一〇年一〇月から、日独国交樹立の記念行事を展開していたドイツ連邦大使館もプロジェクト成功を評価した。フォルカー・シュタンツェル大使も「伝統あるドイツ企業のケルヒャー社が、日本橋という東京の歴史的建造物の洗浄・再生に取り組んだことは、多様性と信頼性に満ちた日独協力のすばらしい一例と言える」と祝意を寄せた。

「日本橋の保存と管理に関する検討委員会」の依田委員長も、「待ちに待ったプロジェクトでした。日本橋を愛する人がいて、応援する人々がいる。なんと幸せな橋であろうかと思います」と喜んだ。

クリーニングプロジェクト完成記念レセプションは、ドイツ大使とケルヒャージャパン社長の共催の形がとられた。パーティーに大使館のホールが提供されたことと合わせ、友好一五〇周年にふさわしいプロジェクトの成功として、高い評価をしている証拠だった。レセプションはロンドルフ公使の挨拶で開会した。

そして、佐藤の謝辞。「日本の重要文化財である日本橋を、私共の製品・人・技術で洗浄できたことを大変光栄に思っています。歴史的な風合いを残して汚れを落とすという、難易度の高い作業でしたが、細心の注意を払いながら無事完成しました。たくさんの方々に支えられ、大きな運にも恵まれ、皆様への感謝の気持ちでいっぱいです」。その胸には、小松空港での木村とのやりとりからの曲折が走馬燈のように浮かんでいた。

ドイツからかけつけた、ケルヒャー社・イエナー会長は「日本橋クリーニングプロジェクトは、これまで手がけてきた九十以上の建造物のプロジェクトの中でも、非常に重要なもののひとつでした。外見をきれいにするだけではなく、建造物の現状を保持し、なるべく本来の形で次の世代に引き継ぐことが責務と考えています」と、ケルヒャー理念の一端を強調した。

続いて共催の「名橋『日本橋』保存会」の中村胤夫会長、「ジャパネットたかた」の高田明代表取締役、文化功労者・作曲家の船村徹らが祝辞を述べ、後援した報知新聞の岸洋人社長の音頭で乾杯し、歓談に移った。会場の大スクリーンには、クリーニングプロジェクトの記録映像が流され、なごやかなパーティーとなった。

　ドイツ大使館でのパーティーから一週間後、福島、宮城、岩手県を中心に、東日本大震災が襲った。千年に一度といわれる未曾有の大震災だった。宮城から岩手にかけての沿岸部は、二十㍍を超す巨大津波に流された。

　宮城・大和町に本社を置く、ケルヒャージャパンの本社では、全国に展開する営業所長会議が開かれていた。幸い人的被害は免れ、一週間ほどで通常の営業状態に復帰できた。

　佐藤は被災地に立地し、比較的被害の少ない企業として、被災地の支援にも業務の重点を置いた。月末に

ケルヒャー社・イエナー会長

かけて、女川町や石巻市の避難所に、業務用の温水高圧洗浄機、五〇〇～七〇〇リットルの給水タンクと人員を派遣、給湯サービスに取り組んだ。

また、宮城県当局へ、エンジン式、電動式の業務用高圧洗浄機各二十五台を無償提供して、被災企業の業務再開に役立ててもらった。水道が使えないことを想定し、溜め水の利用が可能になる自吸用のホースなどをセットにし、その心遣いに感謝の声があがった。

さらに、日常的にケルヒャー製の家庭用洗浄機を店頭で扱っているホームセンター三社に計三百台の家庭用高圧洗浄機を無償提供、無料で貸し出すために、被災地の店舗に常備してもらった。汚泥をかき出した家屋の清掃、除染に大きく貢献したことは、言うまでもない。津波によって水没したり破損したりした製品については、購入後の使用年数により無償修理、交換などに復興応援特別対応を、年内いっぱい続けた。

佐藤は常々、アメリカの心理学者・マズローが唱えた「マズローの法則」を引き合いに、「清掃は文化です。清掃文化の向上に寄与したい」と口にする。その法則によると、人間の欲求は五段階に分けられ、人は下位の欲求が満たされると、その上の欲求の充足を目指すという。

その欲求は生理的欲求（食欲や睡眠など生きるための基本的な欲求）、次いで安全欲求（衣食住の確保など、生を脅かされない欲求）、社会的欲求（会社、家族、国家など組織・グループへ帰属していたいという欲求）、自我欲求（他人から称賛されたいという欲求）、そして自己実現欲求（あるべき自分になりたいという欲求）の五段階だ。佐藤は、清掃は第二段階の安全欲求に属し、生理的欲求に次いで大切なものという信念を持っている。

周囲を安心・安全な良い状態にしておくためには、清掃は絶対的に必要だ。そのために、よりよい清掃機器を作り広めることが、そのまま社会貢献でもあると信じて疑わない。被災地での復興支援は、佐藤にとっては、その実践にほかならない。

実は、「名橋『日本橋』保存会」と「架橋一〇〇周年記念事業実行委員会」は、四月三日に一〇〇周年記念式典を開催し、洗浄プロジェクトによる日本橋の再生を祝うことになっていた。これも、大震災で延期となり、一〇月二七日に開かれた。

この式典で、佐藤に保存会、実行委員会から感謝状が贈られた。感謝状にはこうある。

「高度な洗浄技術により百年の風合を残しながら汚れだけを落とすという難しい課題

を見事成し遂げ先人の技と英知の結晶である『日本橋』を見事に蘇らせ次世代への架け橋として誇れるものとした」

〝奇縁〟と呼ぶのがふさわしい、人と人とのつながりが成功に導いた日本橋の再生。「今は亡き宮村の奥さんが取り持ってくれたのかも」。佐藤と木村は、あの小松空港の蕎麦屋でのやり取りを思い出しては、そんな思いにかられている。

御影石の輝きを取り戻した日本橋は、「ゆったり大地に降り立った巨鳥」として蘇り、新たな世紀へ飛翔を始めるかのようだ。

日本橋年表

一六〇三（慶長八）年　徳川幕府開幕府。初代日本橋が架橋される
一六一八（元和四）年　最初の大改修
一六五八（万治元）年　焼失。翌年に新架
一七一一（正徳元）年　焼失。翌年に新架
一七四八（延享五）年　修復
一七六三（宝暦一三）年新架
一七七二（安永元）年　焼失。二年後に新架
一七九六（寛政八）年　新架
一八〇六（文化三）年　焼失。年内に新架
一八四五（弘化二）年　新架
一八五九（安政六）年　焼失。翌年に新架
一八七二（明治五）年　新架
一八八二（明治一五）年
　六月二五日　日本橋―新橋間に鉄道馬車開通

七月二一日　日本橋―本町角間開通
一九〇三（明治三六）年
品川―上野間の鉄道馬車が路面電車に
一九一一（明治四四）年
三月二八日　石造橋が完成
四月三日　開通式
一九二三（大正一二）年　関東大震災で照明灯、高欄など破損
一九三一（昭和六）年
地下鉄線が上野―新橋まで延長され、日本橋の下を通る
一九四五（昭和二〇）年　東京大空襲で罹災
一九六三（昭和三八）年　橋上に首都高速道路が開通
一九六八（昭和四三）年「名橋『日本橋』保存会」が発足
一九七二（昭和四七）年　路面電車廃止
東京市道路元標が橋の北西詰に移動
橋面中央に日本国道路元標設置

一九九六（平成八）年　照明灯、装飾の修復開始
一九九八（平成一〇）年　照明灯、装飾の修復完了
一九九九（平成一一）年　重要文化財の指定
第七五回箱根駅伝から最終区（十区）のコースに

参考文献

「眼鏡橋　日本と西洋の古橋」（太田静六・理工図書）
「橋」（小山田了三・法政大学出版局）
「石橋物語」上、中、下（山口祐造・土木施工管理技術研究会）
「明治の建築家・妻木頼黄の生涯」（北原遼三郎・現代書館）
「もう一つの『舞姫』」（東秀紀・新人物往来社）
「都市廻廊　あるいは建築家の中世主義」（長谷川堯・中公文庫）
「肥後の石工」（今西祐行・講談社文庫）
「江戸町人の研究」第五巻（西山松之助・吉川弘文館）
「日本橋八〇周年記念誌」（名橋「日本橋」保存会）
「日本橋架橋九〇周年記念誌」（月刊「日本橋」）
「日本橋百年」（国土交通省東京国道事務所）

写真協力
多田隆一（名橋「日本橋」保存会）

翔《と》べ巨鳥　日本橋百年

平成二十四年二月十日　第一刷発行

著　者　井《い》上《うえ》安《やす》正《まさ》

発行者　石　澤　三　郎

発行所　株式会社　栄光出版社

〒0140-0002東京都品川区東品川1の37の5
電　話　03(3471)1235
FAX　03(3471)1237

検印省略

印刷・製本　モリモト印刷㈱

ISBN 978-4-7541-0130-5